Ergänzungsheft

zur

24. und den früheren Auflagen

von

Mehlers Hauptsätzen der Elementar-Mathematik.

Von

A. Schulte-Tigges

Direktor des Realgymnasiums zu Kassel.

Berlin W. 35

Druck und Verlag von Georg Reimer

1908.

Ergänzungsheft

zur

24. und den früheren Auflagen

von

Mehlers Hauptsätzen der Elementar-Mathematik.

Von

A. Schulte-Tigges

Direktor des Realgymnasiums zu Kassel.

Berlin W. 35

Druck und Verlag von Georg Reimer

1908.

Inhalt.

Bemerkung: Die vorne stehenden Paragraphennummern sind die der 25., die in Klammern beigefügten die der früheren Auflagen. Im Text selbst ist stets auf die Paragraphen der früheren Auflagen verwiesen, falls es sich nicht um solche des Ergänzungsheftes selbst handelt.

1. Zur Lehre von den Kreispolaren.

I § 115 (111). 1) Lehrsatz. Wenn beliebig viele Sehnen eines Kreises (oder ihre Verlängerungen) sich in einem festen Punkte schneiden, so werden sie sämtlich durch den festen Punkt und eine bestimmte Gerade harmonisch geteilt. — Diese Gerade heißt die **Polare** des festen Punktes, und der feste Punkt heißt der **Pol** der Geraden.

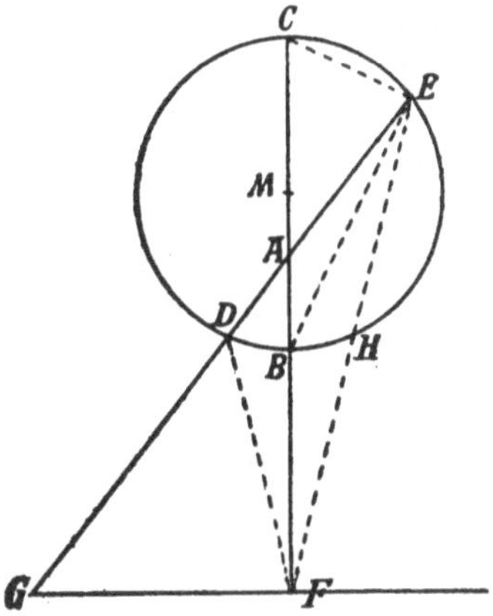

Fig. 92.

Beweis. a) Innerhalb des Kreises M (Fig. 92) sei der feste Punkt A gegeben. Man ziehe durch ihn den Durchmesser BC und eine beliebige Sehne DE, bestimme auf BC und DE den äußeren, dem Punkte A zugeordneten harmonischen Teilpunkt F bezw. G und ziehe von E und F nach den harmonischen Punkten B, C, A, F bezw. D, E, A, G die Strahlen, soweit sie nicht schon vorhanden sind. Dann sind die von E und F ausgehenden Strahlenbüschel harmonisch, und es ist, da $\sphericalangle CEB = 1R$, (nach § 108a) $\sphericalangle DEB = \sphericalangle HEB$ oder $\widehat{BD} = \widehat{BH}$. D und H liegen also symmetrisch zu BC; daher ist $\sphericalangle DFB = \sphericalangle HFB$ und $FG \perp FA$. Da aber DE ganz beliebig durch A gezogen ist, so müssen auch die vierten harmonischen Punkte aller übrigen durch A gehenden Sehnen auf der Senkrechten liegen, die im vierten harmonischen Punkt des Durchmessers BC errichtet

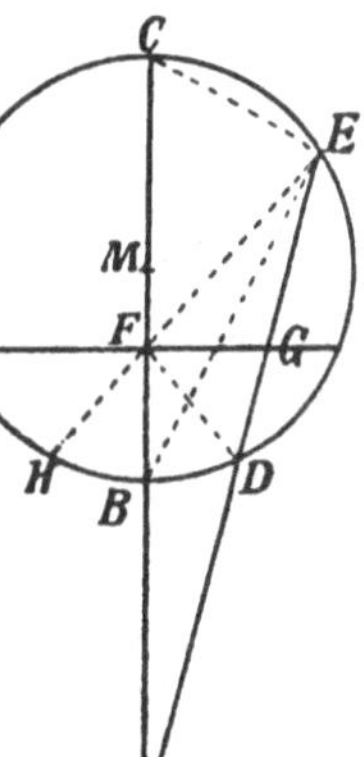

Fig. 93.

ist. Die Gerade FG (und ihre Verlängerung) ist daher die Polare des Punktes A.

b) Liegt der feste Punkt A außerhalb des Kreises M (Fig. 93), so bleibt der Beweis wörtlich derselbe, nur sind F und G diesmal die inneren harmonischen Teilpunkte.

2) Anmerkung. Dreht sich die Sekante AE um den festen Punkt A, so fallen schließlich ihre Schnittpunkte D und E zusammen. Die Sehne FG, die stets zwischen den Schnittpunkten hindurchgeht, verbindet also die Berührungspunkte der Tangenten, die man von A aus an den Kreis ziehen kann. — Der Schnittpunkt zweier Tangenten ist also der Pol der Berührungssehne.

Fällt A auf B, so fällt auch F auf B. Der Berührungspunkt einer Tangente ist also der Pol der Tangente.

2. Aus der algebraischen Geometrie.

Berechnung einzelner Dreiecksstücke.

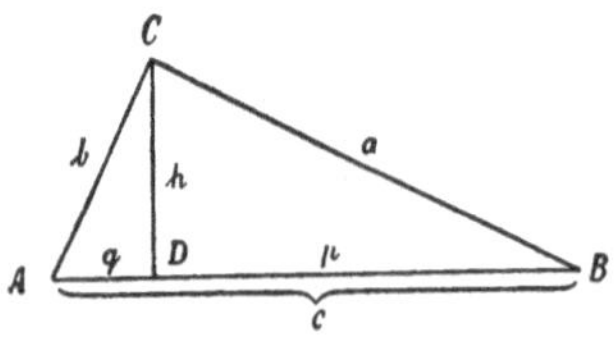

Fig. 105.

I § 135 (—). An Formeln sind schon früher abgeleitet worden

a) für das rechtwinklige Dreieck:

I. $a^2 = c \cdot p;\ b^2 = c \cdot q$ (§ 67, 90)

II. $c^2 = a^2 + b^2$ (§ 65, 67 Zus., § 90)

III. $h^2 = p \cdot q$ (§ 90, 2).

Ferner folgt aus $\triangle = \frac{ch}{2}$ u. $\triangle = \frac{ab}{2}$:

IV. $ab = c \cdot h$.

b) für das schiefwinklige Dreieck:

V. $\left.\begin{array}{l} a^2 = b^2 + c^2 \mp 2cq \\ b^2 = a^2 + c^2 \mp 2cp \end{array}\right\}$ (§ 68, 2)

je nachdem α (oder b) einem spitzen oder stumpfen Winkel gegenüberliegen.

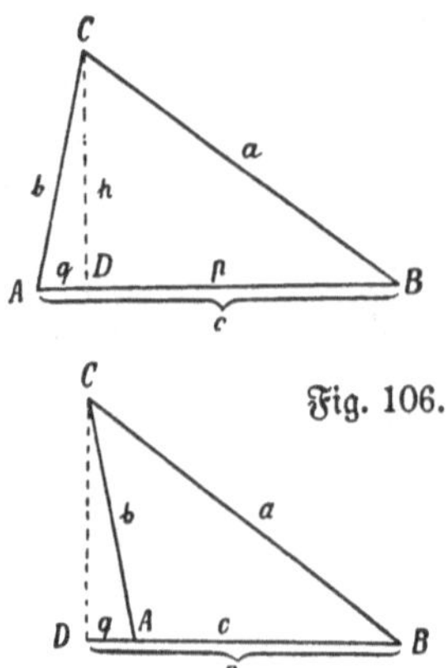

Fig. 106.

Besonderer Beweis: $a^2 = h^2 + p^2 = (b^2 - q^2) + (c \mp q)^2 = b^2 - q^2 + c^2 \mp 2c \cdot q + q^2 = b^2 + c^2 \mp 2c \cdot q$.

§ 136 (—). Berechnung des Flächeninhalts eines Dreiecks aus den drei Seiten.

Ist das Dreieck stumpfwinklig, so sei c die dem stumpfen Winkel gegenüberliegende, andernfalls eine beliebige Seite. Es ist

$$\triangle = \tfrac{1}{2}c \cdot h = \tfrac{1}{2}c \cdot \sqrt{b^2 - q^2} = \tfrac{1}{2}c\sqrt{(b+q)(b-q)}.$$

Nun ist aber nach § 135, V $a^2 = b^2 + c^2 - 2cq$, daher

$$q = \frac{b^2 + c^2 - a^2}{2c}$$

und demnach

$$b + q = \frac{2bc + b^2 + c^2 - a^2}{2c} = \frac{(b+c)^2 - a^2}{2c}$$

$$= \frac{(b+c+a)(b+c-a)}{2c},$$

$$b - q = \frac{2bc - b^2 - c^2 + a^2}{2c} = \frac{a^2 - (b-c)^2}{2c}$$

$$= \frac{(a+b-c)(a-b+c)}{2c}.$$

Daher ist

VIa. $\triangle = \frac{1}{4}\sqrt{(a+b+c)(-a+b+c)(a-b+c)(a+b-c)}.$

Bezeichnet man nun den halben Umfang mit s, setzt also

$$a + b + c = 2s, \text{ so ist}$$
$$-a + b + c = 2s - 2a = 2(s-a),$$
$$a - b + c = 2s - 2b = 2(s-b),$$
$$a + b - c = 2s - 2c = 2(s-c),$$

und es ergibt sich:

VIb. $\triangle = \sqrt{s(s-a)(s-b)(s-c)}.$

§ 137 (120a, 2, 4). Die Radien der verschiedenen Kreise.

1) Der Radius des einbeschriebenen Kreises. Aus Fig. 107 ergibt sich:

$$\triangle = \frac{a\varrho}{2} + \frac{b\varrho}{2} + \frac{c\varrho}{2}$$

$$= \frac{a+b+c}{2} \cdot \varrho = s \cdot \varrho; \text{ daher}$$

VII. $\varrho = \dfrac{\triangle}{s}$

$$= \sqrt{\frac{(s-a)(s-b)(s-c)}{s}}.$$

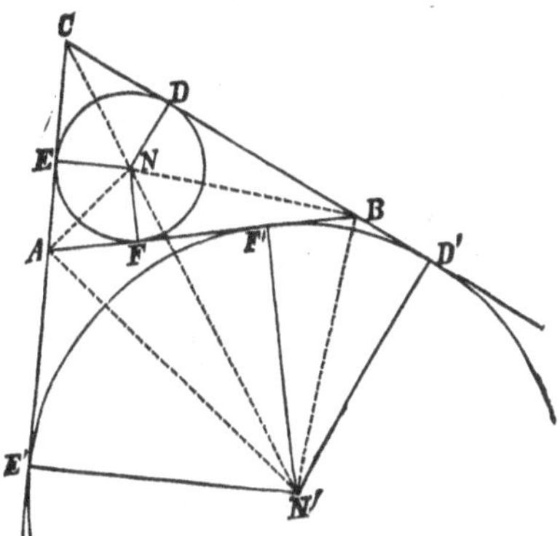

Fig. 107.

2) **Die Radien der anbeschriebenen Kreise.** Aus derselben Figur erhellt:

$$\triangle ABC = \triangle BCN' + \triangle ACN' - \triangle ABN' \text{ oder}$$

$$\triangle = \frac{a\varrho_c}{2} + \frac{b\cdot\varrho_c}{2} - \frac{c\varrho_c}{2} = \frac{a+b-c}{2}\cdot\varrho_c = (s-c)\cdot\varrho_c;$$

daher

VIII. $$\varrho_c = \frac{\triangle}{s-c} = \sqrt{\frac{s.(s-a)\,(s-b)}{s-c}} \text{ und}$$

entsprechend ϱ_a und ϱ_b.

3) **Der Radius des umbeschriebenen Kreises.** Zieht man den Durchmesser $CE = 2r$, verbindet E mit B und fällt die Höhe CD, so ist $\triangle CEB \sim CAD$ (§ 83), also $\frac{2r}{a} = \frac{b}{h_c}$, folglich $2r = \frac{ab}{h_c} = \frac{abc}{ch_c} = \frac{abc}{2\triangle}$, also

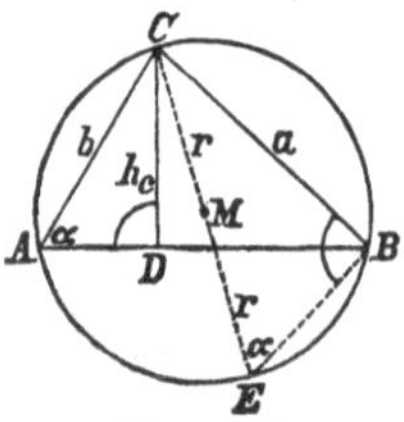

Fig. 108.

IX. $$r = \frac{abc}{4\triangle} = \frac{abc}{4\sqrt{s.(s-a)(s-b)(s-c)}}.$$

Anmerkung. Die nachstehenden Formeln lassen sich leicht beweisen:

1) $$\triangle = \sqrt{\varrho\cdot\varrho_a\cdot\varrho_b\cdot\varrho_c},$$

2) $$\frac{1}{\varrho_a} + \frac{1}{\varrho_b} + \frac{1}{\varrho_c} = \frac{1}{\varrho},$$

3) $$\varrho_a + \varrho_b + \varrho_c - \varrho = 4r.$$

§ 138 (120a, 1). **Die durch die Berührungspunkte mit den Berührungskreisen gebildeten Abschnitte der Seiten.**

Der einbeschriebene Kreis (N) berühre in Fig. 107 die Seiten in D, E, F. Je zwei an derselben Ecke liegende Abschnitte sind (nach § 59) gleich; die Summe von drei an verschiedenen Ecken liegenden Abschnitten ist also gleich dem halben Umfang s des Dreiecks. Es ist demnach $AF + BD + CD = s$ oder $AF + a = s$, also

X. $$AE = AF = s - a,\quad BF = BD = s - b,\quad CD = CE = s - c.$$

Der an der Seite c liegende äußere Berührungskreis (N') berühre die Seiten in D', E' und F'. Es ist dann $2s = CA + AF'$

$+ F'B + BC = CA + AE' + BD' + BC$, oder $2s = CE' + CD' = 2CE'$, folglich

XI. $CE' = CD' = s,\; AF' = AE' = s - b,\; BF' = BD' = s - a.$

Es folgt hieraus noch, daß die Abschnitte AF und BF' gleich lang sind, und ferner, daß

$$DD' = EE' = c \text{ und } FF' = a - b.$$

§ 139 (120a, 3, 120c). **Die Höhen und die Höhenabschnitte der Seiten.**

1) Da $\triangle = \frac{1}{2} a h_a = \frac{1}{2} b h_b = \frac{1}{2} c h_c$ ist, so ergibt sich

XII. $$h_a = \frac{2\triangle}{a};\quad h_b = \frac{2\triangle}{b};\quad h_c = \frac{2\triangle}{c},$$

worin $\triangle$ nach VI. ausgedrückt werden kann.

2) Nach § 135, V ist

XIII. $$p = \pm \frac{a^2 + c^2 - b^2}{2c},\quad q = \pm \frac{b^2 + c^2 - a^2}{2c},$$

je nachdem der dem Abschnitt anliegende Dreieckswinkel spitz oder stumpf ist.

§ 140 (120d). **Die Mittellinien** (t_a, t_b, t_c). Aus den Dreiecken BCE und ACE folgt nach § 135, V:

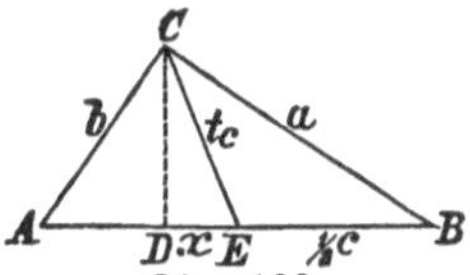

Fig. 109.

$$a^2 = \tfrac{1}{4}c^2 + t_c^2 + 2 \cdot \tfrac{1}{2}c \cdot x$$
$$b^2 = \tfrac{1}{4}c^2 + t_c^2 - 2 \cdot \tfrac{1}{2}c \cdot x,$$

und durch Addition dieser Gleichungen:
$a^2 + b^2 = \frac{1}{2}c^2 + 2t_c^2.$

In Worten: Die Summe der Quadrate zweier Seiten ist gleich der Summe des halben Quadrates der dritten Seite und des doppelten Quadrates der zugehörigen Mittellinie. — Die Formel für t_c ist:

$$t_c = \sqrt{\tfrac{1}{2}(a^2 + b^2) - \tfrac{1}{4}c^2}.$$

§ 141 (120e). 1) Die auf einer Seite c durch die Halbierungslinie des gegenüberliegenden Winkels (oder Außenwinkels) gebildeten Abschnitte u und v (oder u' und v').

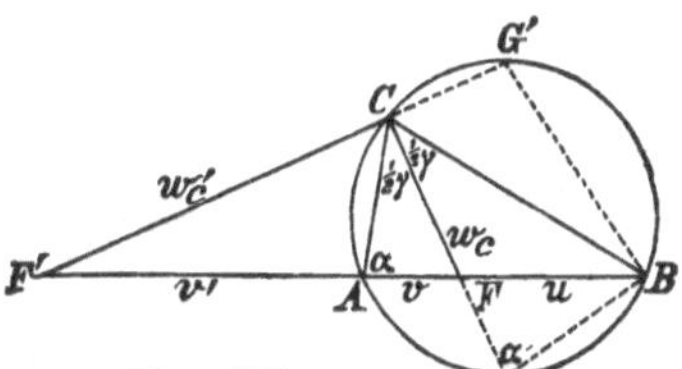

Fig. 110.

Es ist $u + v = c$ und nach § 79:

$\frac{u}{v} = \frac{a}{b}$, also:

$$u = \frac{ca}{a+b} \text{ und } v = \frac{cb}{a+b}.$$

Ferner ist $u'-v'=c$ und $u':v'=a:b$, also

$$u'=\frac{ca}{a-b} \text{ und } v'=\frac{cb}{a-b}.$$

2) Die **Winkelhalbierende** w_c und die **Außenwinkelhalbierende** w'_c.

Verlängert man $CF\,(w_c)$, bis sie den um das Dreieck beschriebenen Kreis in G schneidet, so ist nach § 92

$$u\,.\,v=w_c\,.\,FG,\; uv=w_c(CG-w_c),\; w_c^2=w_c\,.\,CG-uv.$$

Verbindet man noch G mit B, so ist $\triangle\, GBC \backsim AFC$, also $CG:a=b:w_c$ oder $w_c\,.\,CG=a\,.\,b$, folglich:

$$w_c^2=ab-uv.$$

Durch Einsetzung der für u und v gefundenen Werte ergibt sich hieraus:

$$w_c^2=ab\left(1-\frac{c^2}{(a+b)^2}\right);$$

$$w_c=\frac{\sqrt{ab(a+b+c)(a+b-c)}}{a+b}.$$

Auf ganz ähnliche Weise findet man: $w'^2_c=u'v'-ab$;

$$w'_c=\frac{\sqrt{ab(-a+b+c)(a-b+c)}}{a-b}.$$

3. Zinseszins- und Rentenrechnung.

II § 49 (153). Das ursprüngliche Kapital betrage c Mark; es sei zu p % verzinst (d. h. die jährlichen Zinsen von 100 Mark seien p Mark) und n sei die Anzahl der Jahre, nach denen das Kapital zu der Größe von k Mark anwächst, wenn die Zinsen am Ende jedes Jahres zum Kapital hinzugefügt und von da ab mit verzinst werden; dann ist

$$(1)\quad k=c\left(1+\frac{p}{100}\right)^n=c\,.\,q^n.$$

Denn da jede Mark nach einem Jahre zu $1+\frac{p}{100}$ Mark anwächst, so ist der Wert des Kapitals am Ende jedes Jahres $1+\frac{p}{100}$ mal so groß als an seinem Anfang. Also ist er nach einem Jahre

$c\left(1+\frac{p}{100}\right)$, nach dem zweiten $c\left(1+\frac{p}{100}\right)\left(1+\frac{p}{100}\right)=c\left(1+\frac{p}{100}\right)^2$ usw. Den Faktor $1+\frac{p}{100}$ nennt man Verzinsungsfaktor und bezeichnet ihn kurz mit q.

In der obigen Formel kann k auch als eine nach n Jahren zu zahlende Summe aufgefaßt werden; $c=\frac{k}{q^n}$ ist alsdann der Barwert dieser Summe, mit dem man sich gegenwärtig von jener Verpflichtung loskaufen kann oder den man jetzt auf Zinseszins legen muß, um nach n Jahren die Schuldsumme tilgen zu können.

§ 50 (—). Werden am Ende eines jeden Jahres r Mark außer den Zinsen zu dem Anfangskapital hinzugefügt, so steht die erste dieser Summen $n-1$, die zweite $n-2$ usw. Jahre auf Zinseszins. Daher ist das Gesamtkapital nach n Jahren

$$k=cq^n+rq^{n-1}+rq^{n-2}+\cdots+rq+r$$
$$=cq^n+r+rq+rq^2+\cdots+rq^{n-2}+rq^{n-1}.$$

Die Glieder von r an bilden aber eine geometrische Reihe von n Gliedern, deren Summe (§ 182) $r\cdot\frac{q^n-1}{q-1}$ beträgt. Demnach ist

$$(2)\quad k=cq^n+r\cdot\frac{q^n-1}{q-1}.$$

§ 51 (—). Ist kein besonderes Anfangskapital vorhanden, werden vielmehr n Jahre lang zu Beginn eines jeden Jahres r Mark auf Zinseszins gelegt, so ist, der Ableitung im vorigen Paragraphen entsprechend,

$$k=rq^n+rq^{n-1}+rq^{n-2}+\cdots+rq^2+rq$$
$$=q(r+rq+\cdots+rq^{n-2}+rq^{n-1}),\text{ also:}$$

$$(3)\quad k=rq\cdot\frac{q^n-1}{q-1}.$$

§ 52 (—). Werden im Falle des § 50 am Ende eines jeden Jahres die r Mark nicht zugefügt, sondern weggenommen, so sind die Beträge rq^{n-1}, rq^{n-2} usw. negativ zu rechnen, da man mit den r Mark zugleich die Zinseszinsen, die sie sonst bringen würden, fortnimmt. Es ist daher:

$$k=cq^n-rq^{n-1}-rq^{n-2}-\cdots-rq-r$$

oder:

$$(4)\quad k=cq^n-r\cdot\frac{q^n-1}{q-1}.$$

Die Richtigkeit der Formel erhellt auch aus der folgenden Betrachtung. Es ist das Kapital am Ende

des 1. Jahres $cq-r$,

des 2. Jahres $(cq-r)q-r=cq^2-rq-r$,

des 3. Jahres $(cq^2-rq-r)\,q-r=cq^3-rq^2-rq-r$,

. . .

. . .

. . .

des n^{ten} Jahres

$$(cq^{n-1}-rq^{n-2}-\cdots-r)q-r=cq^n-rq^{n-1}-\cdots-rq-r.$$

§ 53 (—). Im vorhergehenden Falle kann das Kapital schließlich ganz aufgezehrt werden, es ist dann $k=o$, also

$$(5)\quad cq^n=r\cdot\frac{q^n-1}{q-1}.$$

Diese Formel paßt auch für den Fall, daß eine geliehene Summe (Anleihe) durch jährliche Zahlungen beglichen (amortisiert) werden soll; c ist dann der Betrag der Anleihe, r die Amortisationsrate.

Sie paßt ferner für den Fall, daß jemand sich durch Einzahlung eines Kapitals den jährlichen Bezug einer Rente auf n Jahre sichert; c ist das eingezahlte Kapital (der Barwert der Rente), r die jährliche Rente, von der in der Formel vorausgesetzt ist, daß sie nachschüssig ist, d. h. am Ende eines jeden Jahres ausgezahlt wird.

Ist die Rente dagegen vorschüssig, d. h. am Anfang eines jeden Jahres zahlbar, so ist (vergl. § 51)

$$(6)\quad cq^n=rq\cdot\frac{q^n-1}{q-1}.$$

4. Wahrscheinlichkeitsrechnung.

II § 65 (—). 1) Im gewöhnlichen Leben nennt man ein erwartetes Ereignis wahrscheinlich, wenn es in der Mehrzahl der überhaupt möglichen Fälle einzutreffen pflegt, andernfalls unwahrscheinlich. Die obere Grenze der Wahrscheinlichkeit ist die Gewißheit, die untere Grenze der Unwahrscheinlichkeit die Unmöglichkeit.

In der Mathematik drückt man die Wahrscheinlichkeit (und damit zugleich die Unwahrscheinlichkeit) durch einen Bruch aus, der im

Nenner die Zahl der möglichen Fälle n und im Zähler die Zahl der für das Ereignis günstigen Fälle a aufweist.

$$w = \frac{a}{n}.$$

Die mathematische Wahrscheinlichkeit ist demnach ein echter Bruch, der nur im Falle der Gewißheit gleich, im Falle der Unmöglichkeit gleich 0 wird. Die Grenze zwischen Wahrscheinlichkeit und Unwahrscheinlichkeit (im gewöhnlichen Sinne) ist $\frac{1}{2}$.

2) Sind unter den n möglichen Fällen a günstig für ein Ereignis A, alle übrigen, also $n-a$, für ein Ereignis B, so ist die Wahrscheinlichkeit für B

$$w' = \frac{n-a}{n} = 1 - \frac{a}{n} = 1 - w.$$

Beispiele. 1. Die Wahrscheinlichkeit, aus einer Urne mit 3 weißen und 7 roten Kugeln blindlings eine weiße zu ziehen, ist $\frac{3}{10}$, für eine rote $\frac{7}{10}$.

2. Sollen aus derselben Urne 2 Kugeln gezogen werden und denkt man sich die Kugeln beziffert

1, 2, 3 | 4, 5, 6, 7, 8, 9, 10,

so sind mögliche Fälle 12, 13, 14, 15, . . ., also ist ihre Anzahl gleich

$$C_2(10) = \frac{10 . 9}{1 . 2} = 45.$$

Wird erwartet, daß beide Kugeln rot sind, so sind günstige Fälle 45, 46, 47, ..., also ihre Zahl gleich

$$C_2(7) = \frac{7 . 6}{1 . 2} = 21, \text{ demnach } w = \frac{21}{45} = \frac{7}{15}.$$

Soll dagegen die eine Kugel weiß, die andere rot sein, so sind günstige Fälle 14, 15 . . ., 24, 25 . . ., also ihre Zahl gleich $C_1(3) . C_1(7) = 3 . 7 = 21$, daher auch $w' = \frac{21}{45} = \frac{7}{15}$. Die Wahrscheinlichkeit, 2 rote Kugeln zu ziehen, ist also $\frac{1}{15}$.

3. Beim Würfeln mit 3 Würfeln sind mögliche Fälle 111, 112, 113 . . ., 211, 212 . . ., ihre Zahl also $V_3'(6) = 6^3 = 216$. Wird ein Pasch zu zwei erwartet, so sind günstige Fälle 112, 113, 114, 115, 116 nebst den zugehörigen Permutationen, ebenso für 22, 33 usw.; ihre Anzahl ist daher $6 \,.\, 3 \,.\, 5 = 90$, demnach $w = \frac{90}{216} = \frac{5}{12}$. Werden dagegen gerade 10 Augen erwartet, so sind günstige Fälle 136, 145, 226, 235, 244, 334 nebst den zugehörigen Permutationen, zusammen 27, daher $w' = \frac{27}{216} = \frac{1}{8}$.

§ 66 (—). 1. Sind unter n möglichen Fällen a günstig für ein Ereignis A, b für ein anderes B, und schließen sich A und B gegenseitig aus, so ist die Wahrscheinlichkeit, daß entweder A oder B eintritt:

$$W = \frac{a+b}{n} = \frac{a}{n} + \frac{b}{n} = w + w'.$$

Beispiel. Im zweiten Beispiel des vorigen Paragraphen ist die Wahrscheinlichkeit zwei rote oder zwei weiße Kugeln zu ziehen gleich $\frac{7}{15} + \frac{1}{15} = \frac{8}{15}$. Dagegen ist die Formel nicht auf das dritte Beispiel anwendbar, da die Fälle, einen Pasch zu zwei oder 10 Augen zu werfen, sich nicht gegenseitig ausschließen.

§ 67 (—). Die Wahrscheinlichkeit, daß erst ein Ereignis A und dann ein Ereignis B (oder beide gleichzeitig) eintreten, ist $W = w \,.\, w'$. (Zusammengesetzte Wahrscheinlichkeit.)

Beweis: Für A sei $w = \frac{a}{n}$ und für B $w' = \frac{b}{n'}$. Dann kann sowohl bei den möglichen als auch bei den günstigen Fällen jeder Fall der ersten Art mit jedem der zweiten zusammentreffen; demnach ist für dieses Zusammentreffen die Zahl der möglichen Fälle $n \,.\, n'$, die der günstigen $a \,.\, b$, daher $W = \frac{a \,.\, b}{n \,.\, n'} = \frac{a}{n} \cdot \frac{b}{n'} = w \,.\, w'$.

Beispiel. Im zweiten Beispiel des vorletzten Paragraphen ist die Wahrscheinlichkeit, erst zwei rote und dann (nachdem die gezogenen Kugeln wieder hineingelegt sind) zwei weiße Kugeln zu ziehen, gleich $\frac{7}{15} \cdot \frac{1}{15} = \frac{7}{225}$. Kommt es auf die Reihenfolge nicht an, so ist die Wahrscheinlichkeit doppelt so groß.

Bemerkung. Die Wahrscheinlichkeitsrechnung findet u. a. wichtige Verwendung bei den verschiedenen Versicherungsarten (Feuer-, Renten-, Alters-, Invaliden-, Lebensversicherung). Es kommt hier im besonderen darauf an, durch statistische Untersuchungen festzustellen, wie viel Brände (bzw. Brandverluste) in den einzelnen Gefahrenklassen als wahrscheinlich zu erwarten, welches die wahrscheinliche Lebensdauer von Personen in bestimmtem Alter ist usw.

5. Der binomische Satz für positive ganze Exponenten.

II § 68 (188a). Bildet man ein Produkt von z. B. vier binomischen Faktoren von der Form $a+b$, indem man immer jeden rechts folgenden Buchstaben an das bereits gebildete Produkt (z. B. $aa+ba+ab+bb$) anschiebt, so erhält man folgendes Schema:

$$\begin{aligned}(a+b)(a+b)(a+b)(a+b) = \\ aaaa+baaa+abaa+bbaa \\ +aaba+baba+abba+bbba \\ +aaab+baab+abab+bbab \\ +aabb+babb+abbb+bbbb.\end{aligned}$$

Faßt man die Glieder, welche die nämlichen Elemente in verschiedener Reihenfolge enthalten, zusammen, so erhält man:

$$(a+b)^4 = a^4 + \frac{4!}{3!\,1!}a^3b^1 + \frac{4!}{2!\,2!}a^2b^2 + \frac{4!}{1!\,3!}a^1b^3 + b^4.$$

Es kommt nämlich z. B. das Glied a^3b^1 so oft vor, als sich vier Elemente $aaab$, unter denen drei gleiche, permutieren lassen; das Glied a^2b^2 so oft, als sich vier Elemente $aabb$, unter denen zwei gleiche einer und zwei gleiche einer zweiten Art, permutieren lassen, usw. Allgemein gilt daher:

$$(1)\quad (a+b)^n = a^n + \frac{n!}{(n-1)!\,1!}a^{n-1}b^1 + \frac{n!}{(n-2)!\,2!}a^{n-2}b^2$$
$$+\cdots+\frac{n!}{(n-s)!\,s!}a^{n-s}b^s + \cdots \frac{n!}{1!\,(n-1)!}a^1b^{n-1} + b^n.$$

Da nun aber

$$\frac{n!}{(n-s)!\,s!} = \frac{1.2.3\ldots(n-s)(n-s+1)\ldots n}{1.2.3\ldots(n-s)\,1.2.3\ldots s}$$
$$= \frac{n(n-1)(n-2)\ldots(n-s+1)}{1.2.3\ldots s} \text{ ist,}$$

so nimmt die obige Formel folgende Gestalt an:

$$(2)\qquad (a+b)^n = a^n + \frac{n}{1}a^{n-1}b + \frac{n(n-1)}{1.2}a^{n-2}b^2 + \frac{n(n-1)(n-2)}{1.2.3}a^{n-3}b^3 + \cdots + b^n,$$ oder

wenn man die „Binomialkoeffizienten" kurz mit $\binom{n}{1}$, $\binom{n}{2}$ usw. bezeichnet:

$$(3)\qquad (a+b)^n = a^n + \binom{n}{1}a^{n-1}b + \binom{n}{2}a^{n-2}b^2 + \binom{n}{3}a^{n-3}b^3 + \cdots + b^n.$$

Für $a = 1$, $b = x$ entsteht hieraus:

$$(4)\qquad (1+x)^n = 1 + \frac{n}{1}x + \frac{n(n-1)}{1.2}x^2 + \frac{n(n-1)(n-2)}{1.2.3}x^3 + \cdots + x^n.$$

§ 69. Eigenschaften der Binomialkoeffizienten. 1) Die symmetrisch stehenden Binomialkoeffizienten sind gleich, denn es ist:

$$\binom{n}{s} = \frac{n!}{(n-s)!\,s!} \text{ und } \binom{n}{n-s} = \frac{n!}{s!\,(n-s)!}, \text{ demnach}$$

$$\binom{n}{s} = \binom{n}{n-s}.$$

2) Die Binomialkoeffizienten der n^{ten} Potenz lassen sich aus solchen der $n-1^{\text{ten}}$ Potenz bilden; es ist nämlich

$$\binom{n}{s} = \binom{n-1}{s-1} + \binom{n-1}{s}.$$

Denn es ist

$$\binom{n-1}{s-1} + \binom{n-1}{s} = \frac{(n-1)!}{(n-s)!\,(s-1)!} + \frac{(n-1)!}{(n-1-s)!\,s!}$$

$$= \frac{(n-1)!\,.\,s}{(n-s)!\,s!} + \frac{(n-1)!\,(n-s)}{(n-s)!\,s!}$$

$$= \frac{(n-1)!\cdot n}{(n-s)!\,s!} = \frac{n!}{(n-s)!\,s!} = \binom{n}{s}.$$

3) Hierauf beruht das Paskalsche Dreieck der Binomialkoeffizienten:

1
1 1
1 2 1
1 3 3 1
1 4 6 4 1
1 5 10 10 5 1
1 6 15 20 15 6 1
1 7 21 35 35 21 7 1
1 8 28 56 70 56 28 8 1
1 9 36 84 126 126 84 36 9 1
1 10 45 120 210 256 210 120 45 10 1

6. Wiederholender Aufbau des arithmetischen Lehrgangs

(Erweiterung des Zahlbegriffs durch die algebraischen Operationen von der ganzen positiven bis zur komplexen Zahl).

II § 76 (—). Übersicht über die arithmetischen Bezeichnungen.

	Rechnungsart	Ausdruck		Bestandteile
Erste Stufe.	1. Addition	$a+b$	Summe	Summanden { a Augend, b Addend
	2. Subtraktion	$a-b$	Differenz	a Minuend b Subtrahend
		$a+b-c$	Polynom, Aggregat, algebraische Summe	Glieder
Zweite Stufe.	3. Multiplikation	$a \cdot b$	Produkt	Faktoren { a Multiplikand, b Multiplikator
	4. Division	$a:b$ oder $\frac{a}{b}$	Quotient, Bruch	a Dividend, Zähler b Divisor, Nenner
Dritte Stufe.	5. Potenzierung	a^b	Potenz	a Basis b Exponent
	6. Radizierung	$\sqrt[b]{a}$	Wurzel	a Radikand b Exponent
	7. Logarithmierung	${}^b\log a$	Logarithmus	a Logarithmand, Numerus b Basis

§ 77 (—). In der nachstehenden Übersicht bedeutet 1. ein Strich | vor dem Formelausdruck, daß eine Berechnung nach einem in den vorhergehenden §§ enthaltenen Lehrsatz erfolgen kann, 2. eine gestrichelte Linie ⋮, daß eine solche Berechnung möglich ist, wenn c eine besondere Beschaffenheit besitzt, 3. eine geschlängelte Linie ≀, daß es eine, aber nicht einfache Berechnungsart gibt.

Übersicht über die Verwendung der links stehenden Ausdrücke als

	Augend od. Addend	Minuend od. Subtrahend	Multiplikand od. Multiplikator	Dividend od. Divisor	Basis od. Exponent	Radikand od. Exponent	Logarithmand od. Basis
Summe	$(a+b)+c$ $c+(a+b)$	$(a+b)-c$ $c-(a+b)$	$(a+b)\cdot c$ $c\cdot(a+b)$	$(a+b):c$ $c:(a+b)$	$(a+b)^c$ c^{a+b}	$\sqrt[c]{a+b}$ $\sqrt[a+b]{c}$	${}^c\log(a+b)$ ${}^{a+b}\log c$
Differenz	$(a-b)+c$ $c+(a-b)$	$(a-b)-c$ $c-(a-b)$	$(a-b)\cdot c$ $c\cdot(a-b)$	$(a-b):c$ $c:(a-b)$	$(a-b)^c$ c^{a-b}	$\sqrt[c]{a-b}$ $\sqrt[a-b]{c}$	${}^c\log(a-b)$ ${}^{a-b}\log c$
Produkt	$ab+c$ $c+ab$	$ab-c$ $c-ab$	$(ab)\cdot c$ $c\cdot(ab)$	$(ab):c$ $c:(ab)$	$(ab)^c$ c^{ab}	$\sqrt[c]{ab}$ $\sqrt[ab]{c}$	${}^c\log(ab)$ ${}^{ab}\log c$
Quotient	$\frac{a}{b}+c$ $c+\frac{a}{b}$	$\frac{a}{b}-c$ $c-\frac{a}{b}$	$\frac{a}{b}\cdot c$ $c\cdot\frac{a}{b}$	$\frac{a}{b}:c$ $c:\frac{a}{b}$	$\left(\frac{a}{b}\right)^c$ $c^{\frac{a}{b}}$	$\sqrt[c]{\frac{a}{b}}$ $\sqrt[\frac{a}{b}]{c}$	${}^c\log\frac{a}{b}$ ${}^{\frac{a}{b}}\log c$
Potenz	a^b+c $c+a^b$	a^b-c $c-a^b$	$a^b\cdot c$ $c\cdot a^b$	$a^b:c$ $c:a^b$	$(a^b)^c$ $c^{(a^b)}$	$\sqrt[c]{a^b}$ $\sqrt[a^b]{c}$	${}^c\log a^b$ ${}^{a^b}\log c$
Wurzel	$\sqrt[b]{a}+c$ $c+\sqrt[b]{a}$	$\sqrt{a}-c$ $c-\sqrt[b]{a}$	$\sqrt[b]{a}\cdot c$ $c\cdot\sqrt[b]{a}$	$\sqrt[b]{a}:c$ $c:\sqrt[b]{a}$	$(\sqrt[b]{a})^c$ $c^{\sqrt[b]{a}}$	$\sqrt[c]{\sqrt[b]{a}}$ $\sqrt[\sqrt[b]{a}]{c}$	${}^c\log\sqrt[b]{a}$ ${}^{\sqrt[b]{a}}\log c$
Logarithmus	${}^b\log a+c$ $c+{}^b\log a$	${}^b\log a-c$ $c-{}^b\log a$	${}^b\log a\cdot c$ $c\cdot{}^b\log a$	${}^b\log a:c$ $c:{}^b\log a$	$({}^b\log a)^c$ $c^{{}^b\log a}$	$\sqrt[c]{{}^b\log a}$ $\sqrt[{}^b\log a]{c}$	${}^c\log({}^b\log a)$ ${}^{{}^b\log a}\log c$

§ 78 (—). Durch den Gegensatz der Rechnungsarten bedingte Regeln.

$$\left.\begin{array}{l}(1)\ (a+b)-b \\ (2)\ (a-b)+b\end{array}\right\}=a$$

$$\left.\begin{array}{l}(3)\ \dfrac{ab}{b} \\ (4)\ \dfrac{a}{b}\cdot b\end{array}\right\}=a$$

$$\left.\begin{array}{l}(5)\ \sqrt[b]{a^b} \\ (6)\ \left(\sqrt[b]{a}\right)^b\end{array}\right\}=a$$

$$\left.\begin{array}{l}(7)\ {}^{b}\log b^{a} \\ (8)\ b^{{}^{b}\log a}\end{array}\right\}=a$$

§ 79 (—). Veränderung von Ausdrücken ohne Änderung des Wertes.

$$(1)\ a-b=(a+c)-(b+c)=(a-c)-(b-c)$$

$$(2)\ \frac{a}{b}=\frac{a.c}{b.c}=\frac{a:c}{b:c}$$

$$(3)\ \sqrt[b]{a}=\sqrt[bc]{a^{1.c}}=\sqrt[b:c]{a^{1:c}}$$

$$(4)\ {}^{b}\log a={}^{b^c}\log a^c={}^{\sqrt[c]{b}}\log\sqrt[c]{a}$$

§ 80 (—). Übersicht über die Zahlenarteu.

Natürliche Zahlen (absolute ganze Zahlen) — Relative ganze Zahlen (einschl. der Null)

→ Ganze Zahlen — Absolute u. relative gebrochene Zahlen

→ Rationale Zahlen — Irrationale Zahlen

→ Reelle Zahlen — Imaginäre Zahlen

→ Komplexe Zahlen.

§ 81 (—). Durch Zählen von gleichen oder wenigstens gleichartigen Größen entstehen die Zahlen der natürlichen Zahlenreihe 1, 2,

3, 4 usw. Die Zahlen sind also ihrem Ursprung nach ganze und zwar benannte Zahlen. Durch Addition solcher Zahlen (von gleicher Benennung) können nur Zahlen derselben Art, also ganze (und benannte) Zahlen hervorgehen. Da für die sich hierbei ergebenden Rechenregeln die Benennung gleichgültig ist, insofern sie auf den Zahlenwert des Ergebnisses ohne Einfluß bleibt, so pflegt man sie gewöhnlich wegzulassen. Bei der Multiplikation als besonderer Form der Addition treten wiederum nur natürliche Zahlen auf, desgleichen beim Potenzieren als besonderer Art des Multiplizierens.

Hinsichtlich der Auswahl der Zahlen aus obiger Reihe sind diese Rechnungsarten keiner anderen Beschränkung unterworfen, als daß der Multiplikator gemäß der Erklärung der Multiplikation eine unbenannte Zahl und größer als 1 sein muß, was dann für die Basis und den Exponenten der Potenz die gleiche Bedingung nach sich zieht.

Beschränkungen aber treten bei den sogenannten umgekehrten Rechnungsarten auf, so bei der Subtraktion, wenn der Subtrahend größer als der Minuend, bei der Division, wenn der Dividend durch den Divisor nicht teil- oder meßbar, beim Radizieren, wenn bei der n^{ten} Wurzel der Radikand nicht die n^{te} Potenz einer natürlichen Zahl ist; wollte man sich mit der Reihe der natürlichen Zahlen begnügen, so würde die Verwendbarkeit dieser Rechnungsarten sich in recht engen Grenzen halten. Für das Radizieren würden beispielsweise nur die folgenden Wurzeln in Betracht kommen: $\sqrt{4}$, $\sqrt[3]{8}$, $\sqrt{9}$, $\sqrt{16}$, $\sqrt[4]{16}$, $\sqrt{25}$, $\sqrt[3]{27}$, $\sqrt[5]{32}$, $\sqrt{36}$, $\sqrt{49}$, usw. Es könnten sich daher die für diese Rechnungsarten abgeleiteten Regeln auch nur auf solche ausgezeichneten Fälle beziehen. Es ist demnach in gleicher Weise ein Bedürfnis des praktischen Lebens, das die Anwendbarkeit der Rechnungsarten in allen Fällen verlangt, wie der reinen Wissenschaft, die nach ausnahmsloser Gültigkeit ihrer Gesetze strebt, die hier vorhandene Kluft durch Ersinnen neuer Zahlenarten auszufüllen. Dies sind (vgl. die vorstehende Übersicht) die negativen Zahlen (einschließlich der Null), die gebrochenen, irrationalen und imaginären (komplexen) Zahlen.

§ 82 (—). Bei der Einführung einer neuen Zahlenart ist diese zunächst genau zu definieren. Dann ist festzustellen, wie man mit ihr rechnet, d. h. wie sie als Summand, Minuend, Subtrahend usw. verwandt werden kann. Hierbei können zwei Fälle eintreten: 1. Die

Verwendung bedarf keiner besonderen Erklärung mehr, nachdem der Sinn des neuen Zahlbegriffs festgelegt worden ist, wie z. B. die Verwendung einer gebrochenen Zahl als Multiplikand, oder 2. die Verwendung ist trotzdem an und für sich noch sinnlos, wie z. B. die einer gebrochenen Zahl als Multiplikator oder einer negativen Zahl als Potenzexponent. Dann ist der Sinn so zu deuten, daß auch diese Ausdrücke sich den Rechenregeln fügen, deren ausnahmslose Gültigkeit ja gerade der Grund für die Aufstellung der neuen Zahlenart ist. In allen Fällen aber ist nachzuweisen, daß bei der Verwendung der neuen Zahlenformen nach den für die natürliche Zahlenreihe geltenden Regeln keine Widersprüche zutage treten.

§ 83 (—). Einführung der Null und der negativen (relativen) Zahlen.

Sobald in einer Differenz der Subtrahend gleich oder größer als der Minuend wird, ergibt sich das Bedürfnis neuer Zahlenformen. Im ersten Fall ist

$$(1)\quad a - a = o$$

die Definitionsgleichung des neuen Zahlbegriffs, der Null. Im zweiten Fall, z. B. in der Differenz 3—7, läßt sich die Subtraktion nur teilweise ausführen, indem man 3 statt 7 subtrahiert; es bleibt dann noch 4 zu subtrahieren übrig. Das Ergebnis —4 bezeichnet daher zunächst eine noch nicht ausgeführte und nicht ausführbare Subtraktion; bei dieser Auffassung ist das — Zeichen ein Rechenzeichen. —4 kann aber auch eine selbständige Zahl bedeuten, eine negative Zahl, wie $-n$ in der Definitionsgleichung:

$$(2)\quad a - (a + n) = -n.$$

Die Auffassung von —4, bezw. $-n$ als einer Zahl hat aber nur dann Sinn, wenn es sich im vorliegenden Falle um zwei Sorten von Dingen handelt (oder handeln kann), die (wie Vermögen und Schulden, Wärme- und Kältegrade, Schritte vorwärts und rückwärts) in einem ebensolchen Gegensatz zueinander stehen, wie die Addition und Subtraktion selbst, so daß eine Anzahl der einen Art durch eine gleiche Anzahl der andern aufgehoben oder — anders ausgedrückt — durch Hinzufügen (oder Wegnehmen) einer gleichen Anzahl von Größen der einen und der andern Art an dem vorhandenen Bestande nichts geändert wird.

Dann läßt sich die Aufgabe 3—7, d. h. die Aufgabe zu dem Wert der Summe, 3, und dem einen Summanden, 7, den andern zu suchen, lösen, denn durch Hinzufügung von 4 Dingen der entgegengesetzten Art werden von den 7 vorhandenen der ersten Art 4 aufgehoben, so daß in der Tat 3 übrig bleiben.

Um den Gegensatz noch besser hervorzuheben, bezeichnet man die bisherigen Zahlen als positive und versieht sie mit einem besonderen + Zeichen, das alsdann wie das — Zeichen nun nicht mehr als Rechenzeichen gelten kann und Vorzeichen genannt wird. Positive und negative Zahlen heißen relative und algebraische Zahlen zum Unterschiede von den bisherigen absoluten Zahlen. Ihr Gegensatz ist definiert durch die Gleichungen:

$$(3)\ (+a) + (-a) = 0,$$
$$(4)\ m + (+a) + (-a) = m,$$
$$(5)\ m - (+a) - (-a) = m.$$

Sie sind (abgesehen von der sonstigen Benennung) als gegensätzlich benannte Zahlen aufzufassen.

§ 84 (—). Verwendung der Null und der relativen Zahlen in den Rechnungsarten der ersten Stufe.

Die Verwendung der Null als Summand und Minuend auf Grund der Definitionsgleichung macht keine Schwierigkeiten; bei $0 - x = -x$ tritt als Ergebnis eine negative Zahl auf.

Die Verwendung der relativen Zahlen in den Beispielen

$$(+7) + (+3) = +10,$$
$$(-7) + (-3) = -10,$$
$$(+7) - (+3) = +4,$$
$$(-7) - (-3) = -4$$

ergibt sich von selbst, wenn man die positiven Zahlen als benannte (und zwar gleichartig benannte) Zahlen auffaßt und ebenso die negativen Zahlen.

Es ist aber ferner bei Benutzung von § 83, (5) z. B.

$$(+7) - (-3) = (+10) - (+3) - (-3) = +10,$$

so daß sich auch bei gegensätzlicher Benennung mit relativen Zahlen addieren und subtrahieren läßt.

§ 85 (—). Einführung der gebrochenen Zahlen.

Die Division entsteht aus der Multiplikation, wenn man den Wert des Produkts und einen Faktor (den Multiplikator oder den Multiplikanden) als gegeben annimmt und den fehlenden Faktor sucht. Der Dividend ist also in eine Anzahl von gleichen Summanden zu zerlegen, wobei entweder die Anzahl (Teilen) oder die Größe der Summanden (Messen) vorgeschrieben ist.

Neue Zahlenarten treten demgemäß nicht auf, solange der Dividend ein Vielfaches des Divisors ist, andernfalls aber entstehen beim Teilen die gebrochenen Zahlen, ihrem Ursprung nach unausgeführte Teilungen darstellend, die aber ausführbar sind, wenn die betrachteten Dinge sich wirklich in die vorgeschriebene Anzahl gleicher Teile zerlegen lassen. Die Definitionsgleichung ist

$$(1)\quad \frac{a}{b} \cdot b = a, \text{ d. h.}$$

wenn man von den $\frac{a}{b}$ genannten Teilstücken b zusammenfügt, so erhält man a. Eine zweite Definitionsgleichung ist

$$(2)\quad \frac{a}{b} = \frac{1}{b} \cdot a, \text{ d. h.}$$

man erhält auch $\frac{a}{b}$, wenn man die Einheit in b gleiche Teile zerlegt und von diesen a zusammenfügt. Die gebrochenen Zahlen können daher (abgesehen von ihrer sonstigen Benennung) als durch den Nenner benannte Zahlen aufgefaßt werden. Für ihre Verwendung ist von besonderer Bedeutung, daß man sie durch Erweitern oder Kürzen auf andere Benennungen bringen, insbesondere zwei verschieden benannte gleichnamig machen kann.

§ 86 (—). Verwendung der gebrochenen Zahlen in den Rechnungsarten der ersten und zweiten Stufe.

Die Verwendung der gebrochenen Zahlen in Summen und Differenzen macht keine Schwierigkeit, da sie entweder gleichartig benannt sind oder dazu gemacht werden können; ebensowenig die Verwendung als Multiplikand und Dividend, wenn der Multiplikator oder der Divisor eine natürliche Zahl ist.

Dagegen hat ein Bruch als Multiplikator zunächst keinen Sinn. Die dem Ausdruck $7 \times \frac{2}{3}$ notwendig beizulegende Bedeutung läßt sich aber in folgender Weise ermitteln. In der Reihe

$$\left.\begin{array}{l} 7 \times 54 = 378 \\ 7 \times 18 = 126 \\ 7 \times \ \ 6 = \ \ 42 \\ 7 \times \ \ 2 = \ \ 14 \end{array}\right\}$$

ist der Multiplikator jedesmal der dritte Teil des vorhergehenden und das Ergebnis gleichfalls jedesmal der dritte Teil des vorhergehenden. Die ausnahmslose Gültigkeit der Rechenregeln kann also nur dann gewährleistet werden, wenn auch $7 \times \frac{2}{3} = \frac{14}{3}$ gesetzt wird. Oder: Da $\frac{2}{3} \times 7$ nach der Erklärung der Multiplikation $\frac{14}{3}$, so muß der gleiche Wert für $7 \times \frac{2}{3}$ gesetzt werden, wenn die Regel über die Vertauschung der Faktoren allgemeingültig sein soll. Der Sinn der Aufgabe $7 \times \frac{2}{3}$ kann also dahin festgesetzt werden, daß man den dritten Teil von 7 zweimal nehmen soll. Tritt eine gebrochene Zahl als Divisor auf, so kann von Teilen keine Rede sein, doch kann die Aufgabe als ein Messen (s. § 87) aufgefaßt werden.

§ 87 (—) Einführung der irrationalen Zahlen.

Geht beim Messen das Maß nicht in dem gemessenen Gegenstand auf, bleibt also noch von dem letzteren ein zu messender Rest übrig, so ist immerhin die Möglichkeit vorhanden, daß irgend ein Teiler des Maßes in dem Rest enthalten ist. Dann ist das Ergebnis der Messung eine gebrochene Zahl, die aber noch zu deuten ist. $\frac{17\text{ m}}{3\text{ m}} = 5\frac{2}{3}$ soll heißen, daß das Maß (3 m) in dem gemessenen Gegenstand (17m) fünfmal und der dritte Teil des Maßes außerdem noch zweimal enthalten ist. Diese Deutung entspricht der Art und Weise, wie in § 86 eine gebrochene Zahl als Multiplikator aufgefaßt worden ist. Es ist aber auch die Möglichkeit nicht ausgeschlossen, daß man selbst bei der weitestgehenden Teilung des Maßes keinen Teiler erhält, der ohne Rest in dem gemessenen Gegenstand aufgeht. Man kann dann zwar durch Messung mit immer kleineren Teilern des Maßes dem richtigen Ergebnis immer näher kommen, es aber nie genau durch ganze und gebrochene Zahlen ausdrücken (so z. B. wenn man die Diagonale eines Quadrates durch die Seite messen will). Das Ergebnis der Messung ist dann eine irrationale Zahl, d. h. eine Zahl, die man zwar durch ganze und gebrochene Zahlen nicht genau darstellen, aber durch solche Zahlen von oben und unten her in beliebig enge Grenzen einschließen kann. Im Gegensatz dazu nennt man die ganzen und die gebrochenen Zahlen rationale Zahlen.

Anm. 1. Die periodischen Dezimalbrüche sind keine irrationalen Zahlen, denn die Periode weist nur darauf hin, daß der Wert der Zahl durch Zehntel, Hundertstel, Tausendstel nicht genau dargestellt werden kann, wohl aber durch andere Brüche, wie 0,333 . . . durch $\frac{1}{3}$.

2. Im Gebiet der reinen Zahlenlehre kommen die irrationalen Zahlen nicht schon beim Messen vor (erst beim Radizieren), wohl aber beim wirklichen Messen von Gegenständen, wie z. B. Strecken.

§ 88 (—). Verwendung der irrationalen Zahlen.

Für praktische Zwecke kommen die irrationalen Zahlen als solche nicht in Betracht, da man sich mit mehr oder weniger genauen Näherungswerten begnügt. Für die wissenschaftliche Verwendung muß man sich die irrationale Zahl durch zwei rationale Grenzwerte eingeschlossen und mit den letzteren die eigentlich mit der ersteren auszuführende Rechnung vorgenommen denken. Kann man dann dadurch, daß man jene Grenzwerte immer näher zusammenrücken läßt, auch die Ergebnisse der beiden Rechnungen einander beliebig nahe bringen, so ist damit der Beweis für die Verwendbarkeit der irrationalen Zahlen erbracht, auf den hier im einzelnen verzichtet werden muß.

§ 89 (—). Verwendung der Null und der relativen Zahlen in den Rechnungsarten der zweiten Stufe.

Bei der Verwendung dieser Zahlen als Multiplikanden ergibt sich keine Schwierigkeit, sofern der Multiplikator eine natürliche Zahl ist, denn es ist: $0.4 = 0+0+0+0 = 0$; $(-a).3 = (-a)+(-a)+(-a) = -3a$. Dagegen haben diese Zahlen als Multiplikator an und für sich keinen Sinn, der vielmehr erst auf eine der im § 86 dargelegten Arten zu ermitteln ist. (Dabei ergibt sich zugleich die Bedeutung, die der Zahl 1 als Multiplikator zukommt.) Von besonderem Interesse ist noch der Fall, wo beide Faktoren eines Produkts relative Zahlen sind, wie in $(+a).(+x)$, $(+a).(-x)$ usw. Nun ist aber $(a-b)(x-y) = ax - bx - ay + by$ oder mit algebraischen Zahlen geschrieben: $[(+a)+(-b)]\,[(+x)+(-y)] = (+ax)+(-bx)+(-ay)+(+by)$. Soll nun die Regel über die Multiplikation zweier Summen allgemein gültig sein, so muß offenbar $(+a).(+x) = +ax$, $(+a)\cdot(-y) = -ay$, $(-b)\cdot(+x) = -bx$ und $(-b)\cdot(-y) = +by$ gesetzt werden.

Bei der Division kann $\frac{0}{a}$, sofern a von 0 verschieden ist, als eine Teilungsaufgabe aufgefaßt werden und ergibt 0, während $\frac{a}{0}$ aus $\frac{a}{b}$ hervorgeht, wenn b immer kleiner wird und z. B. die Reihe 16, 8, 4, 2, 1, $\frac{1}{2}$, $\frac{1}{4}$, $\frac{1}{8}$, $\frac{1}{16}$ usw. durchläuft. Das Ergebnis ist dann der Reihe nach $\frac{a}{16}$, $\frac{a}{8}$, $\frac{a}{4}$, $\frac{a}{2}$, a, $2a$, $4a$, $8a$, $16a$ ... und wächst über jedes Maß hinaus, wenn b sich immer mehr der Null nähert; dies drückt man aus durch die Schreibweise $\frac{a}{0} = \infty$. Der Bruch $\frac{0}{0}$ kann, wie die Probe zeigt, jede beliebige Zahl bedeuten.

Die Verwendung relativer Zahlen als Dividenden bedarf keiner Erläuterung, wenn der Divisor eine absolute oder eine gleichartige Zahl ist, da es sich dann um einfaches Teilen oder Messen handelt. Bei Verschiedenartigkeit des Dividenden und Divisor (wie in $\frac{+21}{-3}$) entscheidet die Probe.

§ 90 (—). Verwendung der Null, der relativen und der gebrochenen Zahlen in den Rechnungsarten der dritten Stufe.

Hier soll nur das Wichtigste hervorgehoben werden. Der Verwendung der Null und der relativen Zahlen als Potenzbasen steht nichts im Wege, sofern der Potenzexponent eine natürliche Zahl ist, da $0^n = 0$, $(+a)^n = +a^n$, $(-a)^n = \pm a^n$ (je nachdem n eine gerade oder eine ungerade Zahl) ist. Ferner bedeutet a^0 die Zahl 1, $a^{-n} = \frac{1}{a^n}$ vgl. § 126; 0^0 ist vieldeutig, $\sqrt[n]{0} = 0$. Über die Wurzeln aus negativen Zahlen, vgl. § 91.

Als Potenzbasen und Radikanden können gebrochene Zahlen ohne weiteres (auf Grund von § 125 und 127) zugelassen werden; als Potenz- und Wurzelexponenten fordern sie eine Erklärung. Es ist nun

$$a^{\frac{m}{n}} = \sqrt[n]{a^m} \text{ und } \sqrt[\frac{n}{m}]{a} = \sqrt[n]{a^m} \text{ zu setzen, entsprechend } a^{-\frac{m}{n}} = \frac{1}{a^{\frac{m}{n}}} = \frac{1}{\sqrt[n]{a^m}}$$

$$\text{und } \sqrt[-\frac{n}{m}]{a} = \frac{1}{\sqrt[n]{a^m}} \text{ (vgl. § 128).}$$

Als Basis des natürlichen Logarithmensystems hat die irrationale Zahl $e = 2{,}71828\ldots$ Bedeutung erlangt (vgl. S. 164, § 190, 191).

§ 91 (—). Einführung der imaginären und komplexen Zahlen.

Bei der Radizierung treten irrationale Zahlen als Ergebnis auf, sobald bei der n^{ten} Wurzel der Radikand nicht die n^{te} Potenz einer rationalen Zahl ist. Die Einführung einer ganz neuen Zahlenart aber wird notwendig, wenn aus einer negativen Zahl eine gerade Wurzel gezogen werden soll. Bezeichnet man $\sqrt{-1}$ mit i, so ist $\sqrt{-9} = 3i$,

$\sqrt{-\frac{4}{9}} = \frac{2}{3}i$, $\sqrt{-3} = i\sqrt{3}$, so daß i Faktor einer ganzen, gebrochenen oder auch irrationalen Zahl sein kann. In jedem Fall heißt die neue Zahlenart eine **imaginäre** Zahl zum Unterschied von den bisherigen **reellen** Zahlen, i selbst die imaginäre Einheit, und wenn eine reelle Zahl als Summand hinzutritt, wie in $a + b\,i$, so entsteht die **komplexe** Zahl.

Ebenso lassen sich alle andern geraden Wurzeln aus negativen Zahlen behandeln; so ist $\sqrt[2n]{-a} = \sqrt[2n]{a} \cdot \sqrt[2n]{-1}$. Nun ist aber, wenn $\sqrt[2n]{-1} = x$ gesetzt wird, $x^{2n} = -1$, woraus sich x nach § 139, 2 als komplexe Zahl von der Form $a + bi$ ergibt. Die komplexe Zahl $a + bi$ erscheint daher als die allgemeinste Zahlenform, die sowohl die reellen (für $b = 0$) wie die rein imaginären Zahlen (für $a = 0$) mit umfaßt.*)

§ 92 (—). Die Verwendung der komplexen Zahlen in den Rechnungsarten der verschiedenen Stufen.

Die Anwendung der Addition, Subtraktion, Multiplikation und Division auf komplexe Zahlen lehrt § 129. Für die übrigen Rechnungsarten ist die Moivresche Darstellung $a + bi = \varrho\,(\cos\varphi + i\,\sin\varphi)$, $\varrho = \sqrt{a^2 + b^2}$, $\cos\varphi = \frac{a}{\varrho}$; $\sin\varphi = \frac{b}{\varrho}$ von großer Wichtigkeit. Hiernach (oder nach dem binomischen Lehrsatz) läßt sich $(a + bi)^n$ und $\sqrt[n]{a + bi} = (a + bi)^{\frac{1}{n}}$ (vgl. § 140) entwickeln. Für die sonstige Verwendung der komplexen Zahlen in den Rechnungsarten dritter Stufe kann die Formel § 190, 3 als Ausgangspunkt dienen.

§ 93 (—). Geometrische Darstellung der Zahlen in der Zahlenlinie und Zahlenebene.

Eine Veranschaulichung der natürlichen Zahlenreihe gewinnen wir dann, wenn wir jede Zahl als Maßzahl einer Strecke auffassen

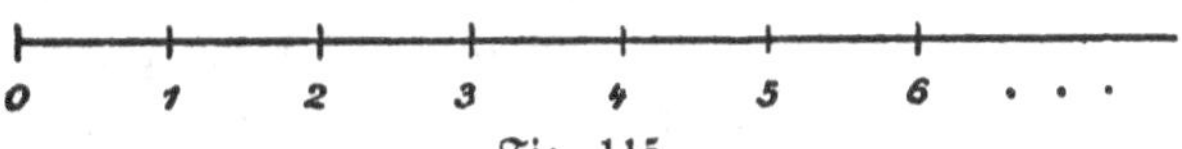

Fig. 115.

*) Der scharfe Gegensatz zwischen reellen und imaginären Zahlen spricht sich darin aus, daß, wenn $a + bi = p + qi$ ist, $a = p$ und $b = q$ sein muß.

und infolgedessen die Zahl n dem Punkt einer Geraden zuordnen, der von einem angenommenen Anfangspunkt 0 um n Längeneinheiten entfernt ist.

Die Verlängerung dieser Geraden nach der entgegengesetzten Richtung liefert alsdann die negativen ganzen Zahlen.

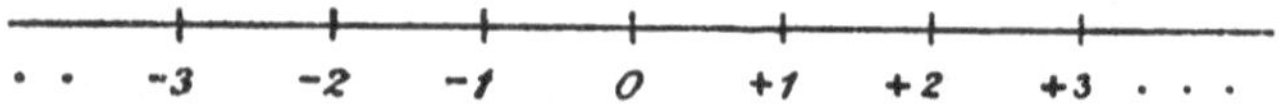

Fig. 116.

Während nun aber die Gerade selbst von 0 aus nach beiden Seiten *stetig* wächst, folgen die den ganzen Zahlen entsprechenden Punkte *unstetig*, *sprungweise* aufeinander. In die Lücken treten zunächst die positiven und negativen gebrochenen Zahlen.

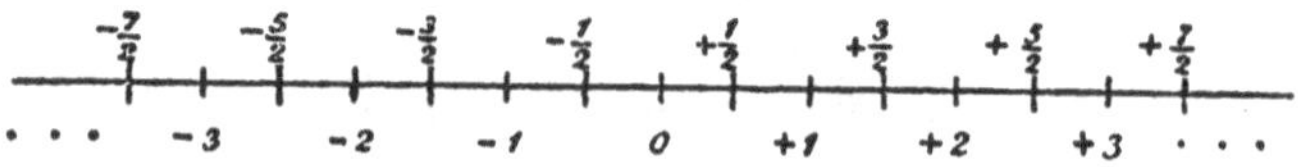

Fig. 117.

So nahe aber auch durch die Einführung aller gebrochenen Zahlen die Zahlpunkte zusammenrücken, so beweist doch das Vorhandensein der irrationalen Zahlen, daß immer noch Lücken vorhanden sind, in in die nun diese eintreten. Eine solche Lücke erhält man z. B., wenn man in $+1$ die Senkrechte gleich der Längeneinheit errichtet, ihren Endpunkt mit 0 verbindet und die Verbindungsstrecke ($\sqrt{2}$) von 0 aus nach beiden Seiten auf die Zahlenlinie abträgt.

Für die Darstellung der imaginären und komplexen Zahlen ist auf der Zahlenlinie, die nur die reellen Zahlen veranschaulicht, kein Raum mehr. Zu ihrer Veranschaulichung errichtet man im Anfangspunkt die Senkrechte und betrachtet in der Ebene der Zeichnung den Punkt als zu der Zahl $a + bi$ gehörig, der die Abszisse a und die Ordinate b hat; danach würde der Punkt A zu der Zahl $3 + 2i$ gehören. Die Senkrechte im Anfangspunkt enthält dementsprechend die positiven und negativen rein imaginären Zahlen, insbesondere die positive und negative imaginäre Einheit und deren Vielfache.

Diese Art der Veranschaulichung ergibt zugleich eine Deutung für ϱ und φ in der Moivreschen Darstellung von $a + bi$. Auch die Anwendung der Rechnungsarten auf komplexe Zahlen läßt sich zum Teil in einfacher Weise in der Zahlenebene geometrisch deuten. So liegen z. B. die n^{ten} Wurzeln der Einheit (vgl. § 139, 1) auf dem mit der Längeneinheit um 0 geschlagenen Kreise und teilen ihn in n gleiche Teile. Ihre Bestimmung hängt also zusammen mit der geometrischen Aufgabe, den Umfang eines Kreises in n gleiche Teile zu teilen oder in einen Kreis ein regelmäßiges n-Eck zu zeichnen.

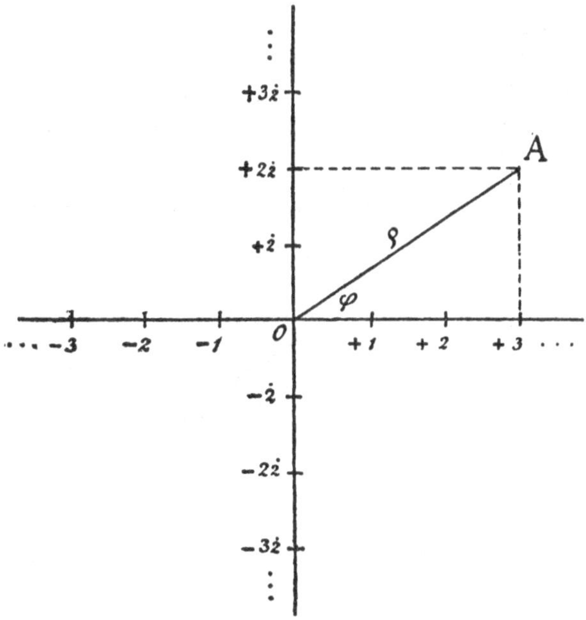

Fig. 118.

7. Anleitung zum perspektivischen Zeichnen räumlicher Gebilde.

IV § 39. Um einen Körper in einer ebenen Zeichnung darzustellen, denkt man sich hinter ihm eine Ebene senkrecht aufgestellt und von allen Ecken nach dieser Zeichen- oder Bildebene Strahlen gezogen, die untereinander parallel sind. Diese Art der Abbildung heißt **Parallelprojektion** und die abbildenden Strahlen **Projektionsstrahlen**. Das Bild einer Ecke ist der Punkt, in dem der von ihr ausgehende

Projektionsstrahl die Bildebene durchsetzt. Das Bild einer Kante erhält man, wenn man jeden ihrer Punkte in der beschriebenen Weise abbildet; da die Projektionsstrahlen dieser Punkte aber eine Ebene bilden und diese die Bildebene in einer Geraden schneidet, so ist das Bild einer Kante eine Strecke, die nur dann zu einem Punkte zusammenschrumpft, wenn die Kante selbst die Richtung der Projektionsstrahlen hat. Man kann demnach das Bild einer Kante einfacher entwerfen, wenn man ihre Endpunkte abbildet und deren Bilder durch eine Strecke verbindet. Verbindet man also die Bilder der Ecken eines Körpers durch Strecken in derselben Weise, in der sie am Körper selbst durch Kanten verbunden sind, so entsteht das Bild des Körpers in Parallelprojektion.

§ 40. Für die Parallelprojektion gelten folgende Gesetze:

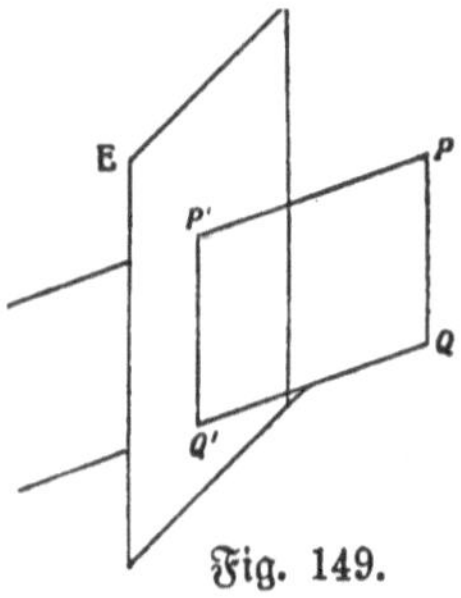

Fig. 149.

1) Eine zur Bildebene parallele Strecke erscheint im Bilde in der wirklichen Größe und Lage (Richtung), denn Strecke und Bild sind die Gegenseiten eines Parallelogramms (Fig. 149). Liegt also eine ebene Figur in einer zur Bildebene parallelen Ebene, so bildet sie sich in einer kongruenten Figur ab (Figur und Bild sind Grundflächen eines Prismas).

2) Eine zur Bildebene nicht parallele Strecke erscheint im Bilde im allgemeinen nicht in der wirklichen Größe und Lage, d. h. Bild und Strecke sind weder parallel noch gleich lang; ist sie aber in einem bestimmten Verhältnis geteilt, so erscheint auch die Bildstrecke in demselben Verhältnis geteilt (nach dem Satz: Werden zwei Strahlen von mehreren Parallelen geschnitten, so verhalten sich die Abschnitte des einen Strahls wie die entsprechenden des andern. Fig. 150).

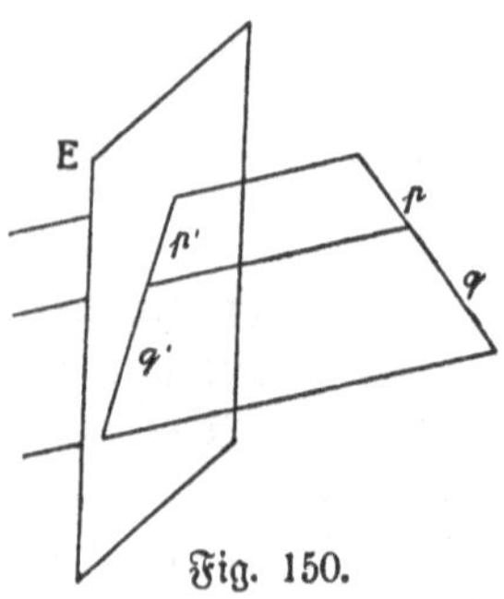

Fig. 150.

3) Strecken, die unter sich parallel sind, erscheinen auch im Bilde untereinander parallel (die parallelen Ebenen $AA'B'B$ und $CC'D'D$ schneiden die Bildebene in den parallelen Geraden $A'B'$ und $C'D'$. Fig. 151).

Das Verhältnis, in dem sie zueinander stehen, bleibt auch für die Bildstrecken erhalten. Man verlängere in Fig. 151 $DC = q$ um $AB = p$ bis F, bilde CF ab und ziehe $FG \parallel F'C'$ und $AH \parallel A'B'$. Dann ist $\triangle ABH \cong \triangle FCG$, daher $AH = FG$ und demnach auch $A'B' = F'C'$. Nun verhält sich $FC : q = F'C' : q'$, also auch $p : q = p' : q'$. Schreibt man diese Proportion $p : p' = q : q'$, so kann man den letzten Satz auch so aussprechen: Das Verhältnis einer Strecke zu ihrem Bilde ist für alle Strecken, die untereinander parallel sind, dasselbe.

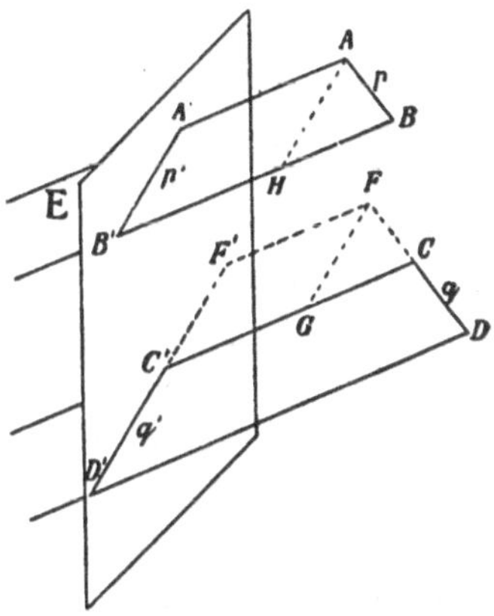

Fig. 151.

§ 41. 1) Wenn es sich nun darum handelt, einen Körper in Parallelprojektion abzubilden, so wird man in erster Linie solche Kanten auswählen, die der Zeichenebene parallel laufen, da sie im Bilde in derselben Größe und Richtung erscheinen. Wie aber die übrigen Kanten, insbesondere die zur Bildebene senkrechten, sich abbilden, das hängt von der Richtung der Projektionsstrahlen ab. Um dies deutlich einzusehen, nehmen wir an, der abzubildende Körper, ein Würfel, sei mit einer seiner Flächen an die Zeichenebene angelehnt.

Dann bildet sich Q (Fig. 152) in sich selbst ab. Fallen nun die Projektionsstrahlen senkrecht zur Bildebene ein, so ist Q zugleich das Bild von P und das Bild der Kante PQ schrumpft in den Punkt Q zusammen. Fallen dagegen die Strahlen schief ein, etwa in der Richtung FP, so würde P' das Bild des Punktes P und $P'Q$ das Bild der Kante PQ sein. Wie aus der Figur hervorgeht, kann $P'Q$ je nach der Richtung der Projektionsstrahlen jede mögliche Länge und jede mögliche Richtung in der Bildebene haben. Von den unendlich vielen möglichen

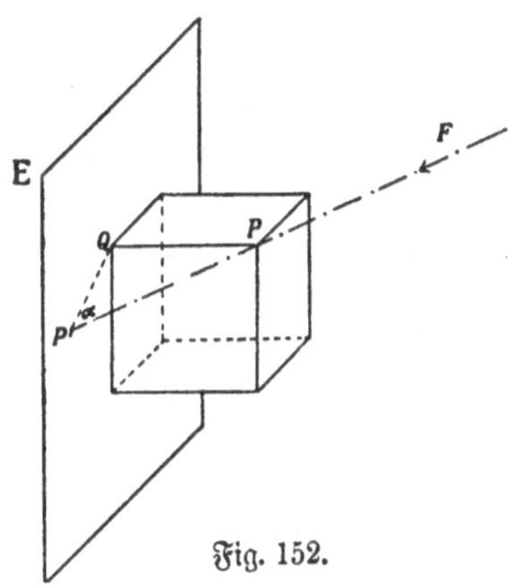

Fig. 152.

Arten der Projektion bevorzugt man aber nur wenige, nämlich (abgesehen von der rechtwinkligen Projektion), die, bei der eine zur Zeichenebene senkrechte Strecke

a) unter einem Winkel von 45° gegen die Wagerechte (Richtungssinn ↗, wobei der Pfeil das Bild der Strecke, und zwar in der Richtung zur Bildebene hin darstellt) und in einer Verkürzung auf die Hälfte, oder

b) unter einem Winkel von 30° gegen die Wagerechte (↗) und in einer Verkürzung auf ein Drittel, oder

c) unter einem Winkel von 90° gegen die Wagerechte (↑) und in einer Verkürzung auf die Hälfte, oder

d) unter einem Winkel von 90° gegen die Wagerechte (↑) und in einer Verkürzung auf ein Drittel erscheint. Wir wollen diese Arten abgekürzt folgendermaßen bezeichnen: a) $\varphi = 45^\circ$, $q = \frac{1}{2}$; b) $\varphi = 30^\circ$, $q = \frac{1}{3}$; c) $\varphi = 90^\circ$, $q = \frac{1}{2}$; d) $\varphi = 90^\circ$, $q = \frac{1}{3}$.

An der ganzen Betrachtung ändert sich nichts Wesentliches, wenn man den Würfel parallel mit sich selbst (ohne Drehung) von der Zeichenebene entfernt.

2) Anmerkung: Der Neigungswinkel α der Projektionsstrahlen gegen die Bildebene ergibt sich in dem Dreieck PQP' aus der Gleichung: $\operatorname{tg}\alpha = \frac{PQ}{P'Q}$. Es ist daher für die Projektionsarten a und c: $\operatorname{tg}\alpha = 2$, $\alpha = 63^\circ\ 26'\ 5'', 6$, bei b und d aber $\operatorname{tg}\alpha = 3$, $\alpha = 71^\circ\ 33'\ 54'', 3$. Denkt man sich zugleich P' als Mittelpunkt eines auf die Bildebene gemalten Uhrzifferblattes und den Projektionsstrahl rechtwinklig auf das Zifferblatt projiziert, so würde seine Projektion auf den Stundenzeiger bei $1\frac{1}{2}$ Uhr, 2 Uhr, 12 Uhr und 12 Uhr in den verschiedenen Projektionsarten fallen.

§ 42. Aufgabe 1. Einen Würfel, dessen Kante $a = 1{,}8$ cm*) gegeben ist, in Stirnstellung zu zeichnen ($\varphi = 45^\circ$, $q = \frac{1}{2}$). (Fig. 153 auf der hinten befindlichen Tafel.)

Übungen: 1. Welche Kanten des Würfels erscheinen im Bilde in der wirklichen Lage und Größe, welche Flächen in der wahren Größe und Gestalt?

---

*) Das Maß ist hier wie auch in den folgenden Aufgaben nur der Raumersparnis wegen so klein gewählt worden.

2. Die Diagonalebene $AGFD$ in der wahren Gestalt und Größe zu zeichnen.

3. Die Mittelpunkte der Würfelflächen zu bestimmen und das eingeschriebene regelmäßige Oktaeder mit seinen Achsen zu zeichnen.

4. Einen Pyramidenwürfel mit vorgeschriebener Pyramidenhöhe zu zeichnen.

5. Ein Rhombendodekaeder zu zeichnen $\left(\text{Pyramidenhöhe gleich } \frac{a}{2}\right)$.

6. Dem Würfel ein regelmäßiges Tetraeder einzuzeichnen.

7. In den vorstehenden Fällen Kanten, Winkel und Flächen, die in der Zeichnung nicht in der wirklichen Größe (und Gestalt) erscheinen, in solcher zu zeichnen.

8. Die Netze der gezeichneten Körper zu entwerfen.

Aufgabe 2. Einen Würfel in Übereckstellung zu zeichnen ($\varphi = 45^\circ$, $q = \frac{1}{2}$), wenn seine Flächendiagonale $d = 2{,}4$ cm gegeben ist. (Fig. 154.)

Übungen ähnlich wie zu Aufgabe 1.

§ 43. Aufgabe 3. Ein regelmäßiges Oktaeder in Stirnstellung zu zeichnen ($\varphi = 30^\circ$, $q = \frac{1}{2}$), wenn die Kante $a = 2$ cm gegeben ist. (Fig. 155.)

Bemerkung zur Lösung: Die Länge der Achsen kann mit Hülfe eines Grundrisses bestimmt werden.

Übungen: 1. Welche Oktaederkanten erscheinen im Bilde in der wirklichen Größe?

2. Wo ist der Neigungswinkel der Seitenflächen gegen die Grundfläche $ABCD$ in der Figur leicht in der richtigen Größe zu zeichnen?

3. Die Mittelpunkte der Oktaederflächen zu bestimmen und durch Aufsetzen von Pyramiden von gegebener Höhe ein Pyramidenoktaeder herzustellen.

Anleitung: Wenn man die Verbindungslinien von G mit den Mittelpunkten der Oktaederflächen verlängert, erhält man die Höhen der Pyramiden, von denen die über den links und rechts gelegenen Flächen in der wahren Größe erscheinen. Die Spitzen der Pyramiden über den vorderen und hinteren Flächen findet man u. a. auf Grund der Bemerkung, daß die Verbindungslinie der Spitze über ABE mit der über BCE zu AC parallel läuft.

4. Die Pyramidenhöhe so zu wählen, daß ein Rhombendodekaeder entsteht.

Anleitung: Die BC anliegenden Pyramidenflächen gehen in eine Ebene über, so daß die beiden Pyramidenspitzen auf der durch die Mitte von BC gehenden Senkrechten liegen.

Aufgabe 4. Ein regelmäßiges Oktaeder in Übereckstellung zu zeichnen ($\varphi = 30^\circ$, $q = \frac{1}{2}$), wenn seine Achse $d = 3$ cm gegeben ist, und das zugehörige regelmäßige Tetraeder zu konstruieren. (Fig. 156.)

§ 44. **Aufgabe 5.** Ein regelmäßiges Tetraeder in Stirnstellung zu zeichnen ($\varphi = 45^\circ$, $q = \frac{1}{2}$), wenn die Kante $a = 3$ cm gegeben ist. (Fig. 157.)

Anleitung: Mit Hülfe des Grundrisses ist zunächst die Länge der Flächen- und der Körperhöhe zu bestimmen.

Übungen: 1. Den Flächenwinkel an den Kanten in der wirklichen Größe zu zeichnen.

2. Ein regelmäßiges Tetraeder zu zeichnen, wenn

a) seine Oberfläche gleich einem Quadrat mit gegebener Seite c,

b) seine Körperhöhe gleich einer gegebenen Strecke h sein soll.

Anleitung: Aus den Gleichungen $c^2 = a^2 \sqrt{3}$ und $h = \frac{a}{3}\sqrt{6}$ ist nach den Regeln der algebraischen Geometrie erst a zu konstruieren. Im ersteren Falle kann man auch den vierten Teil des Quadrats über c in ein gleichseitiges Dreieck verwandeln.

Aufgabe 6. Ein Ikositetraeder mit dem Parameterverhältnis 1:2:2 zu zeichnen ($\varphi = 45^\circ$, $q = \frac{1}{2}$). (Teilweise ausgeführt in Fig. 158.)

§ 45. **Aufgabe 7.** Eine hexagonale Doppelpyramide zu zeichnen ($\varphi = 30^\circ$, $q = \frac{1}{2}$), wenn die Grundkante $a = 1{,}5$ cm und die Höhe $h = 5{,}2$ cm gegeben sind. (Fig. 159.)

Aufgabe 8. Eine dreiseitige Ecke nach ihrem Netz zu zeichnen ($\varphi = 45^\circ$, $q = \frac{1}{2}$). Gegeben die Seiten der Ecke gleich 70°, 65° und 55°. (Fig. 160.)

Anleitung: Die Fläche CAD lege man wagerecht und AD parallel zur Bildebene. Dann erscheint ADH in der wirklichen Lage und Größe. Durch DG ist die Richtung der hinteren Kante und der Fußpunkt E der Höhe BE bestimmt und durch diese die obere Kante.

Aufgabe 9. Einen geraden Zylinder zu zeichnen ($\varphi = 90^\circ$, $q = \frac{1}{2}$). (Fig. 161.)

Aufgabe 10. Einen geraden Kegel zu zeichnen ($\varphi = 90^\circ$, $q = \frac{1}{3}$). (Fig. 162.)

Aufgabe 11. Von einer Kugel den Äquator sowie die beiden Meridiane zu zeichnen, die zur Zeichenebene parallel bezw. senkrecht sind ($\varphi = 90^\circ$, $q = \frac{1}{2}$; $\varphi = 30^\circ$, $q = \frac{1}{3}$). (Fig. 163 und 164.)

8. Sphärische Trigonometrie.

V § 1. Rechtwinkliges Dreieck.

1) In dem bei C rechtwinkligen sphärischen Dreieck sei $BE \perp OC$ und $BD \perp OA$; dann ist $\sphericalangle BDE = \alpha$ und

$$\sin\alpha = \frac{BE}{BD} = \frac{BE:BO}{BD:BO} = \frac{\sin a}{\sin c},$$

$$\cos\alpha = \frac{DE}{DB} = \frac{DE:DO}{DB:DO} = \frac{\operatorname{tg} b}{\operatorname{tg} c} \text{ und}$$

$$\operatorname{tg}\alpha = \frac{EB}{ED} = \frac{EB:EO}{ED:EO} = \frac{\operatorname{tg} a}{\sin b} \text{ oder}$$

$$(1)\quad \sin\alpha = \frac{\sin a}{\sin c},\quad \sin\beta = \frac{\sin b}{\sin c};$$

$$(2)\quad \cos\alpha = \frac{\operatorname{tg} b}{\operatorname{tg} c},\quad \cos\beta = \frac{\operatorname{tg} a}{\operatorname{tg} c};$$

$$(3)\quad \operatorname{tg}\alpha = \frac{\operatorname{tg} a}{\sin b},\quad \operatorname{tg}\beta = \frac{\operatorname{tg} b}{\sin a}.$$

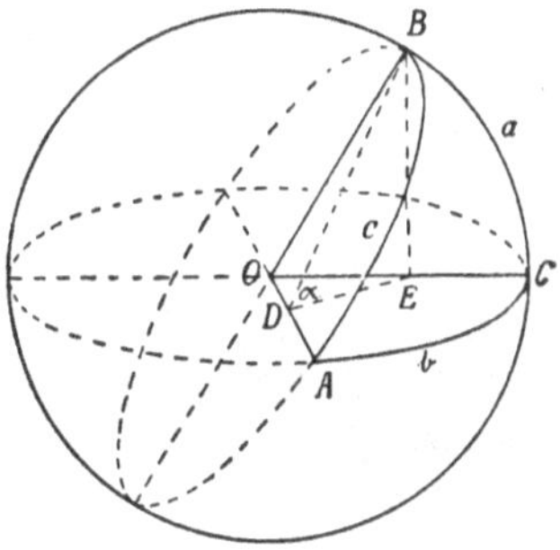

Fig. 165.

Wie heißen diese Formeln in Worten, und wie unterscheiden sie sich von den Definitionen der trigonometrischen Funktionen im ebenen Dreieck?

2) Es ist ferner

$$\cos c = \cos BOA = \frac{OD}{OB} = \frac{OD}{OE} \cdot \frac{OE}{OB} = \cos b \,.\, \cos a.$$

Aus (3) folgt

$$\operatorname{tg}\alpha \,.\, \operatorname{tg}\beta = \frac{\operatorname{tg} a}{\sin b} \cdot \frac{\operatorname{tg} b}{\sin a} = \frac{1}{\cos a} \cdot \frac{1}{\cos b} = \frac{1}{\cos c} \text{ oder}$$

$$\cos c = \cot\alpha \,.\, \cot\beta.$$

Desgleichen aus (1) und (2):

$$\frac{\cos\alpha}{\sin\beta} = \frac{\operatorname{tg} b}{\operatorname{tg} c} : \frac{\sin b}{\sin c} = \frac{\cos c}{\cos b} = \cos a.$$

Es reihen sich also die Formeln an:

$$(4)\ \cos c = \cos a \,.\, \cos b;\quad (5)\ \cos c = \cot\alpha \,.\, \cot\beta;$$

$$(6)\ \cos a = \frac{\cos\alpha}{\sin\beta};\quad \cos b = \frac{\cos\beta}{\sin\alpha}.$$

In Worten? — Die Formeln behalten, wie sich leicht auf dieselbe Weise ableiten läßt, ihre Gültigkeit, wenn $\sphericalangle A$ oder $\sphericalangle B$ oder beide stumpf sind.

Auf dieselben Formeln führt die Neperſche Regel: In jedem rechtwinkligen Kugeldreieck ist der Kosinus eines jeden Stückes gleich dem Produkt der Sinus der abgesonderten und gleich dem Produkt der Kotangenten der anliegenden Stücke, wenn man den rechten Winkel nicht mitzählt und statt der Katheten ihre Komplemente setzt.

Bemerkung: Mit Hülfe der vorstehenden Formeln lassen sich die fehlenden Stücke in jedem rechtwinkligen Kugeldreieck berechnen, von dem (außer dem rechten Winkel) zwei Stücke gegeben sind. Dabei ist zu beachten, daß, wenn ein Stück durch die Sinusfunktion bestimmt wird, an und für sich zwei Winkel (der aus der Tafel zu entnehmende spitze Winkel und sein Supplement) gültig sind und es einer besonderen Untersuchung bedarf, welcher von beiden in dem vorliegenden Falle in Betracht kommt. Für diese Untersuchung ist besonders der Satz zu Rate zu ziehen, daß im Kugeldreieck (wie auch im ebenen Dreieck) der größeren von zwei Seiten der größere Winkel und dem größeren von zwei Winkeln die größere Seite gegenüberliegt.

§ 2. Schiefwinkliges Dreieck.

1) In dem Kugeldreieck ABC, das einer konvexen Ecke angehören möge, sei h die Höhe auf AC, deren Fußpunkt D zwischen A und C liegen möge.

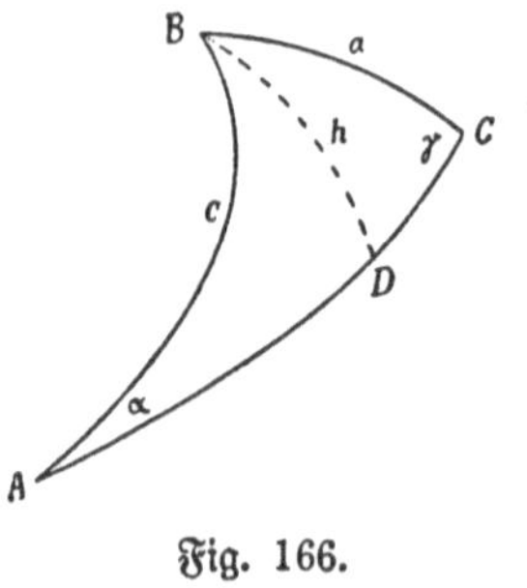

Fig. 166.

Dann ist $\sin\alpha = \frac{\sin h}{\sin c}$ und $\sin\gamma = \frac{\sin h}{\sin a}$,

daher $\frac{\sin\alpha}{\sin\gamma} = \frac{\sin a}{\sin c}$ oder allgemein

$$(1)\ \sin a : \sin b : \sin c = \sin\alpha : \sin\beta : \sin\gamma$$

(Sinussatz).

In Worten?

2) Ferner ist

$\cos c = \cos h \,.\, \cos AD$ und $\cos h = \frac{\cos a}{\cos DC}$, also

$$\cos c = \frac{\cos a}{\cos DC} \cdot \cos(b - DC) = \frac{\cos a}{\cos DC}(\cos b \cos DC + \sin b \sin DC)$$
$$= \cos a \cos b + \cos a \, . \sin b \, . \operatorname{tg} DC.$$

Da aber $\cos\gamma = \frac{\operatorname{tg} DC}{\operatorname{tg} a}$ oder $\operatorname{tg} DC = \cos\gamma \, . \operatorname{tg} a$ ist, so ist

$$(2) \begin{cases} \cos a = \cos b \cdot \cos c + \sin b \cdot \sin c \cdot \cos\alpha \\ \cos b = \cos c \cdot \cos a + \sin c \cdot \sin a \cdot \cos\beta \\ \cos c = \cos a \cdot \cos b + \sin a \cdot \sin b \cdot \cos\gamma \end{cases}$$ und entsprechend Kosinussatz der Seiten.

In Worten? — Die Formeln bleiben richtig, wie sich durch besondere Ableitung leicht zeigen läßt, wenn D auf die Verlängerung von AC fällt, d. h. wenn $\sphericalangle A$ oder $\sphericalangle C$ stumpf ist. Sind beide Winkel stumpf, so ist an der Ableitung überhaupt nichts zu ändern.

3) Für das Polardreieck des untersuchten Dreiecks gilt nach (2) $\cos a' = \cos b' \cdot \cos c' + \sin b' \sin c' \cos\alpha'$; daher ist auf Grund von § 206

$$\cos(180^\circ - \alpha) = \cos(180^\circ - \beta) \cdot \cos(180^\circ - \gamma)$$
$$+ \sin(180^\circ - \beta) \cdot \sin(180^\circ - \gamma) \cos(180^\circ - a)$$

oder $\quad -\cos\alpha = \cos\beta\cos\gamma - \sin\beta\sin\gamma\cos a$, also

$$(3) \begin{cases} \cos\alpha = -\cos\beta\cos\gamma + \sin\beta\sin\gamma\cos a \\ \cos\beta = -\cos\gamma\cos\alpha + \sin\gamma\sin\alpha\cos b \\ \cos\gamma = -\cos\alpha\cos\beta + \sin\alpha\sin\beta\cos c \end{cases}$$ Kosinussatz der Winkel.

Bemerkung. Die vorstehenden Formeln (1) bis (3) genügen vollständig zur Berechnung des schiefwinkligen Dreiecks; denn man erhält, wenn

a, b, c gegeben, α, β, γ nach (2) oder auch β, γ nach (1);
α, β, γ „ , a, b, c nach (3) oder auch b, c nach (1);
b, c, α „ , a nach (2), β, γ nach (1);
β, γ, a „ , α nach (3), b, c nach (1);
a, b, α „ , β nach (1), c durch seine Höhenabschnitte, die einzeln zu berechnen sind, γ nach (1);
α, β, a „ , b nach (1), c wie vorhin, γ nach (1).

Sobald ein Stück mit Hülfe der Sinusfunktion gefunden wird, ist die Bemerkung zu dem vorigen Paragraphen zu beachten. Da die angegebenen Berechnungsarten indessen nicht immer die kürzesten und bequemsten sind, so werden im folgenden noch weitere zum logarithmischen Rechnen geeignetere Formeln entwickelt.

§ 3. 1) Ersetzt man in § 2, (2) $\cos\alpha$ durch $2\cos\frac{1}{2}\alpha^2 - 1$ bzw. $1 - 2\sin\frac{1}{2}\alpha^2$, so folgt

$$\cos a = \cos(b+c) + 2\sin b \sin c \cos \tfrac{1}{2}\alpha^2,$$
$$\cos a = \cos(b-c) - 2\sin b \sin c \sin \tfrac{1}{2}\alpha^2;$$

also:

$$\cos \tfrac{1}{2}\alpha = \sqrt{\frac{\cos a - \cos(b+c)}{2\sin b \sin c}} = \sqrt{\frac{\sin\frac{1}{2}(a+b+c)\sin\frac{1}{2}(b+c-a)}{\sin b \sin c}},$$

$$\sin \tfrac{1}{2}\alpha = \sqrt{\frac{\cos(b-c) - \cos a}{2\sin b \sin c}} = \sqrt{\frac{\sin\frac{1}{2}(a-b+c)\sin\frac{1}{2}(a+b-c)}{\sin b \sin c}},$$

folglich für $a+b+c=2s$:

$$(1) \qquad \cos\tfrac{1}{2}\alpha = \sqrt{\frac{\sin s \sin(s-a)}{\sin b \sin c}},$$

$$(2) \qquad \sin\tfrac{1}{2}\alpha = \sqrt{\frac{\sin(s-b)\sin(s-c)}{\sin b \sin c}}.$$

Da die dreiseitige Ecke als konvex vorausgesetzt wurde, so sind die Wurzeln positiv zu nehmen. Auch die unter den Wurzelzeichen enthaltenen Sinus sind sämtlich positive Größen. (§ 208, 1 und 207.)

Dividiert man (2) durch (1), so erhält man:

$$(3) \qquad \operatorname{tg}\tfrac{1}{2}\alpha = \sqrt{\frac{\sin(s-b)\sin(s-c)}{\sin s \sin(s-a)}}.$$

Man benutzt diese Formel und die entsprechenden für $\operatorname{tg}\frac{1}{2}\beta$ und $\operatorname{tg}\frac{1}{2}\gamma$, um aus den drei Seiten eines Kugeldreiecks die drei Winkel zu berechnen.

2) Für die Polarecke würde die letzte Formel lauten:

$$\operatorname{tg}\tfrac{1}{2}\alpha' = \sqrt{\frac{\sin(s'-b')\sin(s'-c')}{\sin s' \,.\, \sin(s'-a')}}.$$

Nun ist

$$\tfrac{1}{2}\alpha' = 90^\circ - \tfrac{1}{2}a,\; s' = \tfrac{1}{2}(a'+b'+c') = 270^\circ - \tfrac{1}{2}(\alpha'+\beta'+\gamma')$$
$$= 270^\circ - \sigma,\; s'-b' = \tfrac{1}{2}(a'-b'+c') = 90^\circ - \tfrac{1}{2}(\alpha-\beta+\gamma)$$
$$= 90^\circ - (\sigma-\beta) \text{ usw., wenn } 2\sigma = \alpha+\beta+\gamma \text{ gesetzt wird.}$$

Also ergibt sich:

$$(4) \qquad \cot\tfrac{1}{2}a = \sqrt{\frac{\cos(\sigma-\beta)\cos(\sigma-\gamma)}{-\cos\sigma \,.\, \cos(\sigma-\alpha)}}.$$

Man benutzt diese Formel und die entsprechenden für $\cot\frac{1}{2}b$ und $\cot\frac{1}{2}c$, um aus den drei Winkeln eines Kugeldreiecks die drei Seiten zu berechnen.

§ 4. Nach § 3, (1) und (2) gelten die sechs Gleichungen:

$$\cos\tfrac{1}{2}\alpha = \sqrt{\frac{\sin s \sin(s-a)}{\sin b \sin c}}, \quad \sin\tfrac{1}{2}\alpha = \sqrt{\frac{\sin(s-b)\sin(s-c)}{\sin b \sin c}},$$

$$\cos\tfrac{1}{2}\beta = \sqrt{\frac{\sin s \sin(s-b)}{\sin a \sin c}}, \quad \sin\tfrac{1}{2}\beta = \sqrt{\frac{\sin(s-a)\sin(s-c)}{\sin a \sin c}},$$

$$\cos\tfrac{1}{2}\gamma = \sqrt{\frac{\sin s \sin(s-c)}{\sin a \sin b}}, \quad \sin\tfrac{1}{2}\gamma = \sqrt{\frac{\sin(s-a)\sin(s-b)}{\sin a \sin b}}.$$

Man erhält nun sofort:

$$\cos\tfrac{1}{2}\alpha\cos\tfrac{1}{2}\beta = \frac{\sin s}{\sin c}\sin\tfrac{1}{2}\gamma,$$

$$\sin\tfrac{1}{2}\alpha\sin\tfrac{1}{2}\beta = \frac{\sin(s-c)}{\sin c}\sin\tfrac{1}{2}\gamma,$$

$$\sin\tfrac{1}{2}\alpha\cos\tfrac{1}{2}\beta = \frac{\sin(s-b)}{\sin c}\cos\tfrac{1}{2}\gamma,$$

$$\cos\tfrac{1}{2}\alpha\sin\tfrac{1}{2}\beta = \frac{\sin(s-a)}{\sin c}\cos\tfrac{1}{2}\gamma,$$

und hieraus:

$$\cos\tfrac{1}{2}(\alpha+\beta) = \frac{\sin s - \sin(s-c)}{\sin c}\sin\tfrac{1}{2}\gamma = \frac{\cos\tfrac{1}{2}(a+b)}{\cos\tfrac{1}{2}c}\sin\tfrac{1}{2}\gamma,$$

$$\cos\tfrac{1}{2}(\alpha-\beta) = \frac{\sin s + \sin(s-c)}{\sin c}\sin\tfrac{1}{2}\gamma = \frac{\sin\tfrac{1}{2}(a+b)}{\sin\tfrac{1}{2}c}\sin\tfrac{1}{2}\gamma,$$

$$\sin\tfrac{1}{2}(\alpha+\beta) = \frac{\sin(s-b)+\sin(s-a)}{\sin c}\cos\tfrac{1}{2}\gamma = \frac{\cos\tfrac{1}{2}(a-b)}{\cos\tfrac{1}{2}c}\cos\tfrac{1}{2}\gamma,$$

$$\sin\tfrac{1}{2}(\alpha-\beta) = \frac{\sin(s-b)-\sin(s-a)}{\sin c}\cos\tfrac{1}{2}\gamma = \frac{\sin\tfrac{1}{2}(a-b)}{\sin\tfrac{1}{2}c}\cos\tfrac{1}{2}\gamma.$$

Die gewonnenen Formeln sind die Gaußischen und können in folgender Form geschrieben werden:

$$(1) \qquad \frac{\cos\tfrac{1}{2}(a+b)}{\cos\tfrac{1}{2}c} = \frac{\cos\tfrac{1}{2}(\alpha+\beta)}{\sin\tfrac{1}{2}\gamma}.$$

$$(2) \qquad \frac{\cos\tfrac{1}{2}(a-b)}{\cos\tfrac{1}{2}c} = \frac{\sin\tfrac{1}{2}(\alpha+\beta)}{\cos\tfrac{1}{2}\gamma}.$$

$$(3) \qquad \frac{\sin\tfrac{1}{2}(a+b)}{\sin\tfrac{1}{2}c} = \frac{\cos\tfrac{1}{2}(\alpha-\beta)}{\sin\tfrac{1}{2}\gamma}.$$

$$(4) \qquad \frac{\sin\tfrac{1}{2}(a-b)}{\sin\tfrac{1}{2}c} = \frac{\sin\tfrac{1}{2}(\alpha-\beta)}{\cos\tfrac{1}{2}\gamma}.$$

Wenn man die erste derselben kennt, so erhält man die übrigen drei, indem man auf der einen Seite das Zeichen + in — verwandelt und auf der anderen die Zeichen cos und sin miteinander vertauscht.

Die hieraus durch Division sich ergebenden Gleichungen

$$(5)\ \frac{\operatorname{tg}\frac{1}{2}(\alpha+\beta)}{\cot\frac{1}{2}\gamma}=\frac{\cos\frac{1}{2}(a-b)}{\cos\frac{1}{2}(a+b)},\quad (7)\ \frac{\operatorname{tg}\frac{1}{2}(a+b)}{\operatorname{tg}\frac{1}{2}c}=\frac{\cos\frac{1}{2}(\alpha-\beta)}{\cos\frac{1}{2}(\alpha+\beta)},$$

$$(6)\ \frac{\operatorname{tg}\frac{1}{2}(\alpha-\beta)}{\cot\frac{1}{2}\gamma}=\frac{\sin\frac{1}{2}(a-b)}{\sin\frac{1}{2}(a+b)},\quad (8)\ \frac{\operatorname{tg}\frac{1}{2}(a-b)}{\operatorname{tg}\frac{1}{2}c}=\frac{\sin\frac{1}{2}(\alpha-\beta)}{\sin\frac{1}{2}(\alpha+\beta)}$$

sind die **Neperschen Analogien.**

Die Gaußischen Formeln oder auch die Neperschen Analogien können angewandt werden, um aus zwei Seiten und dem eingeschlossenen Winkel (a, b, γ) oder aus zwei Winkeln und der anliegenden Seite (α, β, c) die übrigen Stücke zu berechnen.

§ 5. Nach § 2, (2) ist:

$$\cos a=\cos b\cos c+\sin b\sin c\cos\alpha,$$
$$\cos b=\cos a\cos c+\sin a\sin c\cos\beta.$$

Um hieraus eine Formel für vier aufeinanderfolgende Stücke a, β, c, α zu erhalten, multipliziere man die zweite Gleichung mit $\cos c$ und addiere sie zur ersten, so wird:

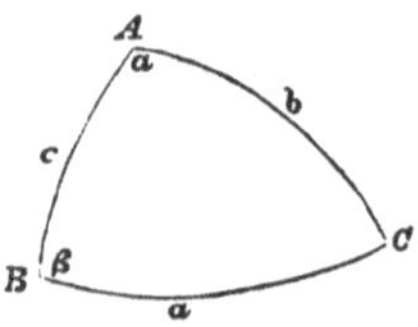

Fig. 167.

$$\cos a=\cos a\cos c^2+\sin b\sin c\cos\alpha$$
$$+\sin a\sin c\cos c\cos\beta,$$

oder wenn man durch $\sin c$ dividiert:

$$\cos a\sin c=\sin b\cos\alpha+\sin a\cos c\cos\beta,$$

oder, da $\sin b=\frac{\sin a}{\sin\alpha}\sin\beta$ ist,

$$\cos a\sin c=\sin a\cot\alpha\sin\beta+\sin a\cos c\cos\beta.$$

$$(1)\qquad \cot a\sin c=\cot\alpha\sin\beta+\cos c\cos\beta.$$

§ 6. **Hülfsformeln.**

Um β aus a, c, α zu berechnen, setze man:

$$\cot\alpha=r\cos\varphi,\quad \cos c=r\sin\varphi;$$

dann ist:

$$\operatorname{tg}\varphi=\cos c\operatorname{tg}\alpha,\quad r=\frac{\cos c}{\sin\varphi},$$

und es wird:

$$\cot a\sin c=r(\sin\beta\cos\varphi+\cos\beta\sin\varphi)=\frac{\cos c\sin(\beta+\varphi)}{\sin\varphi},$$

$$\sin(\beta+\varphi)=\cot a\operatorname{tg}c\sin\varphi.$$

Zur Berechnung von a hat man unter Beibehaltung desselben Hülfswinkels φ die Formel:

$$\operatorname{tg} a = \frac{\operatorname{tg} c \sin\varphi}{\sin(\beta+\varphi)}.$$

Auch α und c werden durch ähnliche Formeln berechnet.

§ 7. Formeln für den Inhalt sphärischer Dreiecke.

Durch Subtraktion und Addition der Gaußischen Formeln (1) und (2) folgt sehr leicht:

$$-\frac{\sin\frac{1}{2}a \sin\frac{1}{2}b}{\cos\frac{1}{2}c} = \frac{\cos\frac{1}{2}(\alpha+\beta+\gamma)}{\sin\gamma}; \quad \frac{\cos\frac{1}{2}a \cos\frac{1}{2}b}{\cos\frac{1}{2}c} = \frac{\cos\frac{1}{2}(\alpha+\beta-\gamma)}{\sin\gamma}.$$

Für den Inhalt $\triangle = \alpha + \beta + \gamma - \pi$ des sphärischen Dreiecks erhält man daher:

$$\sin\tfrac{1}{2}\triangle = \frac{\sin\frac{1}{2}a \sin\frac{1}{2}b \sin\gamma}{\cos\frac{1}{2}c}; \quad -\sin(\tfrac{1}{2}\triangle - \gamma) = \frac{\cos\frac{1}{2}a \cos\frac{1}{2}b \sin\gamma}{\cos\frac{1}{2}c},$$

also, wenn man die letzte dieser beiden Gleichungen durch die erste dividiert:

$$\cot\tfrac{1}{2}\triangle = \frac{\cot\frac{1}{2}a \cot\frac{1}{2}b + \cos\gamma}{\sin\gamma};$$

und für das rechtwinklige Dreieck:

$$\operatorname{tg}\tfrac{1}{2}\triangle = \operatorname{tg}\tfrac{1}{2}a \operatorname{tg}\tfrac{1}{2}b.$$

Schreibt man die Gleichungen (1) und (2) in der Form

$$\frac{\cos\frac{1}{2}(a+b)}{\cos\frac{1}{2}c} = -\frac{\sin(\frac{1}{2}\triangle - \frac{1}{2}\gamma)}{\sin\frac{1}{2}\gamma}; \quad \frac{\cos\frac{1}{2}(a-b)}{\cos\frac{1}{2}c} = \frac{\cos(\frac{1}{2}\triangle - \frac{1}{2}\gamma)}{\cos\frac{1}{2}\gamma}$$

und subtrahiert bei beiden auf jeder Seite 1, so folgt:

$$\frac{\sin\frac{1}{2}s \sin\frac{1}{2}(s-c)}{\cos\frac{1}{2}c} = \frac{\sin\frac{1}{2}\triangle \cos(\frac{1}{2}\triangle - \frac{1}{2}\gamma)}{\sin\frac{1}{2}\gamma},$$

$$\frac{\sin\frac{1}{2}(s-a) \sin\frac{1}{2}(s-b)}{\cos\frac{1}{2}c} = \frac{\sin\frac{1}{2}\triangle \sin(\frac{1}{2}\triangle - \frac{1}{2}\gamma)}{\cos\frac{1}{2}\gamma},$$

und hieraus durch Multiplikation:

$$\sin\tfrac{1}{2}\triangle = \sqrt{\frac{\sin\frac{1}{2}s \sin\frac{1}{2}(s-a) \sin\frac{1}{2}(s-b) \sin\frac{1}{2}(s-c)}{\cos\frac{1}{2}a \cos\frac{1}{2}b \cos\frac{1}{2}c}}.$$

Addiert man dagegen in jenen Gleichungen auf beiden Seiten 1, so findet man:

$$\cos\tfrac{1}{2}\triangle = \sqrt{\frac{\cos\frac{1}{2}s \cos\frac{1}{2}(s-a) \cos\frac{1}{2}(s-b) \cos\ (s-c)}{\cos\frac{1}{2}a \cos\frac{1}{2}b \cos\frac{1}{2}c}}.$$

Daher ist:

$$\operatorname{tg}\tfrac{1}{2}\triangle = \sqrt{\operatorname{tg}\tfrac{1}{2}s \operatorname{tg}\tfrac{1}{2}(s-a) \operatorname{tg}\tfrac{1}{2}(s-b) \operatorname{tg}\tfrac{1}{2}(s-c)}.$$

9. Anwendung der sphärischen Trigonometrie auf die mathematische Erd- und Himmelskunde.

V § 8 (—). Auf einer Kugelfläche läßt sich die Lage eines Punktes in ähnlicher Weise durch Bogen größter Kreise genau angeben wie in der Ebene durch (Strecken-) Koordinaten (vgl. S. 212). Zu diesem Zweck ist es notwendig, einen der größten Kreise als Grundkreis und einen Punkt dieses Kreises als Anfangspunkt für die Messung auszuwählen. Denkt man sich alsdann auf der Ebene des Grundkreises im Mittelpunkt den senkrechten Durchmesser errichtet, so sind seine Endpunkte die Pole des Grundkreises, und alle größten Kreise, die durch die beiden Pole gehen, stehen auf dem Grundkreise senkrecht und werden von ihm halbiert. Um nun die Lage eines Punktes auf der Kugel zu bestimmen, genügt die Angabe, wie lang der Bogen des durch den Punkt gehenden Polkreises zwischen ihm und dem Grundkreise (nach der einen Seite positiv, nach der andern negativ gerechnet) ist und welche Länge der Bogen des Grundkreises zwischen dem Anfangspunkt und jenem Polkreise besitzt, wobei noch festgesetzt sein muß, in welcher Richtung dieser Bogen gemessen werden soll. Diese beiden Bogen heißen die sphärischen Koordinaten des Punktes, und zwar der Bogen des Grundkreises die Abszisse, der des Polkreises die Ordinate.

§ 9 (—). 1) Auf der Erdoberfläche, die für die vorliegenden Rechnungen als vollkommene Kugel angesehen werden soll, benutzt man als Grundkreis den Äquator, als Polkreise die Meridiane. Als Anfangspunkt (Nullpunkt) der Messung dient der Punkt des Äquators, in dem er von dem Meridian von Greenwich (oder auch von Ferro) geschnitten wird. Die von hier aus gemessene Abszisse nennt man die geographische Länge des Ortes, die als östliche und westliche Länge unterschieden wird. Die auf dem Meridian vom Äquator aus gemessene Ordinate ist die (nördliche oder südliche) geographische Breite.

2) Aufgabe. Die (sphärische) Entfernung zweier Orte auf der Erde zu berechnen, deren geographische Längen und Breiten bekannt sind.

Denkt man sich durch die beiden Orte den größten Kreis gelegt, so bildet der zwischen den Orten liegende Bogen dieses Kreises mit den bis zu einem der Pole reichenden Bogen der beiden Meridiane ein sphärisches Dreieck. In diesem ist der Winkel am Pol je nach der Lage der Orte gleich der Differenz oder der Summe der beiden geographischen Längen, während die einschließenden Seiten gleich $90^\circ - b$ oder $90^\circ + b$ sind, wenn b die geographische Breite bezeichnet. Es können also die übrigen Stücke des Dreiecks, wie insbesondere der sphärische Abstand der Orte, berechnet werden. Hat sich für den letzteren β° ergeben und ist die Entfernung, in Längenmaß gemessen, e km, so verhält sich $e : 2\mathrm{r}\pi = \beta : 360$, so daß sich $e = \frac{\mathrm{r}\pi\beta}{180}$ ergibt, worin r den Radius der Erdkugel bedeutet.

§ 10 (—). Für die Bestimmung von Punkten am Himmel sind drei verschiedene Koordinatensysteme in Gebrauch, indem man entweder den Horizont, den Himmelsäquator oder die Ekliptik als Grundkreis benutzt.

Unter dem Horizont versteht man im gewöhnlichen Sprachgebrauch die Linie, in der dem Anscheine nach das Himmelsgewölbe in der Ferne auf der Erdscheibe ruht. Im völlig ebenen Gelände und auf hoher See fällt dieser (scheinbare) Horizont annähernd mit der Linie zusammen, in der die im Fußpunkt des Beobachters an die Erdkugel gelegte Berührungsebene das scheinbare Himmelsgewölbe schneidet. Um den wahren Horizont zu bekommen, denkt man sich diese Berührungsebene parallel verschoben, bis sie durch den Erdmittelpunkt geht, und ihren Schnittkreis mit dem Himmelsgewölbe bestimmt. Diese Linie ist der Grundkreis für das Koordinatensystem. Die Pole dieses Grundkreises sind die Punkte des Himmelsgewölbes, die senkrecht über und unter dem Beobachter liegen, Zenit und Nadir. Die durch diese beiden Punkte gehenden, auf dem Horizont senkrecht stehenden Kreise heißen Höhenkreise. Der Anfangspunkt der Messung ist der Südpunkt des Horizonts; er ist der Punkt des Horizonts, in dem er von dem Höhenkreise der Sonne, wenn sie Mittags am höchsten steht, dem Himmelsmeridian, geschnitten wird. (Nach dem Südpunkt bestimmen sich leicht der Nord-, Ost- und Westpunkt sowie die übrigen Himmelsrichtungen des Horizonts). Die vom Südpunkt aus nach Osten oder Westen gemessene Abszisse heißt das Azimut, die Ordinate die Höhe des betreffenden Punktes am Himmel. Höhe und Azimut können mit Hülfe eines Fernrohres gemessen werden, das sich um eine wagerechte und eine lotrechte Achse drehen läßt.

Da die Gestirne ihren Ort am Himmel nicht beibehalten, so ändern sich Azimut und Höhe eines jeden im Laufe des Tages beständig. Beim Auf- und Untergang der Gestirne ist die Höhe gleich 0°. Die Entfernung des Punktes, in dem ein Stern, wie insbesondere die Sonne, auf- oder untergeht, vom Ost- oder Westpunkt heißt die (nördliche oder südliche) Morgen- oder Abendweite. Diese ist für die Sonne zur Zeit der Frühlings- und Herbst-Tag- und Nachtgleiche (in den Äquinoktien), also am 21. März und am 23. September gleich 0°, in den Sommermonaten dagegen nördlich, in den Wintermonaten südlich, und zwar am größten zur Zeit der Solstitien am 21. Juni und am 21. Dezember. Auch für die Planeten ist das Azimut beim Auf- und Niedergang veränderlich, unveränderlich (oder besser in großen Zeiträumen wenig veränderlich) dagegen für die Fixsterne.

§ 11 (—). Für das zweite Koordinatensystem ist der Himmelsäquator der Grundkreis. Eine genauere Beobachtung der Gestirne zeigt, daß bei der allgemeinen (scheinbaren) Bewegung nur zwei Punkte des Himmelsgewölbes an ihrem Orte verharren, die Himmelspole (Nord- und Südpol), während alle Gestirne täglich um die Verbindungslinie dieser Pole, die Weltachse, Kreise beschreiben. Die Himmelspole erweisen sich als die Punkte, in denen die verlängerte Erdachse das Himmelsgewölbe schneidet; ihre Lage zum Horizont ist daher für die einzelnen Orte der Erde verschieden, indem sie für Orte des Erdäquators im Horizont selbst, für die Erdpole im Zenit und Nadir, für alle übrigen Orte aber in einer Höhe über bezw. unter dem Horizont liegen, die gleich der geographischen Breite des Ortes ist.

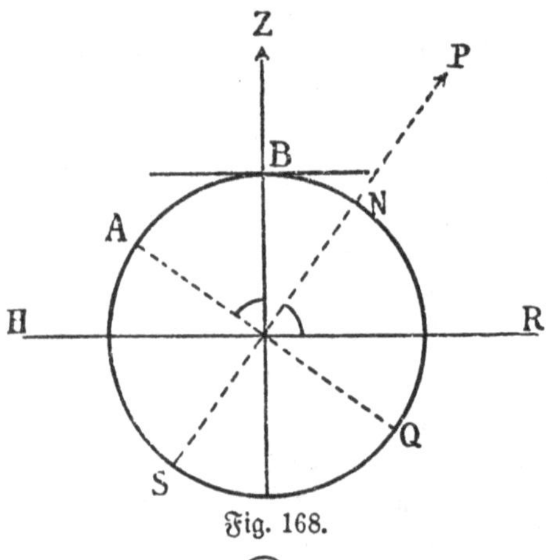

Fig. 168.

(Beweis: In Fig. 168 sei NS die Erdachse, AQ der Äquator, HR der wahre Horizont des Ortes B; dann ist die Polhöhe $\widehat{NR}$ gleich der geographischen Breite $\widehat{AB}$, da die Schenkel der zugehörigen Zentriwinkel aufeinander senkrecht stehen.)

Wie den Erdpolen die Himmelspole, so entspricht dem Erdäquator der Himmelsäquator, der auf den durch die Himmelspole gehenden Deklinationskreisen senkrecht steht und sie halbiert.

Anfangspunkt der Messung ist der Frühlingspunkt des Äquators, d. i. der Punkt des Äquators, in dem die Sonne am 21. März steht. Die Abszisse heißt Rektaszension und wird auf dem Äquator vom Frühlingspunkt in entgegengesetzter Richtung zur täglichen Bewegung der Sterne gemessen, die Ordinate ist die auf dem Deklinationskreise gemessene nördliche oder südliche Deklination des Sterns.

§ 12 (—). Da die Fixsterne mit der größten Regelmäßigkeit, und alle in derselben Zeit (dem Sterntag), ihre Kreise um die Weltachse beschreiben, so würden Rektaszension und Deklination eines jeden unveränderlich sein, wenn die Himmelspole und der Frühlingspunkt ihren Ort unter den Sternen nicht veränderten. Dies ist aber, allerdings nur in außerordentlich großen Zeiträumen, der Fall, indem die Weltachse in 25800 Jahren (oder rund 9 Millionen Tagen) einen Kegelmantel beschreibt und damit auch der Frühlingspunkt sich auf dem Äquator einmal ganz herumbewegt.

Die Sonne nimmt an dem täglichen Umlauf der Fixsterne teil, ändert dabei aber beständig ihre Stellung zu den benachbarten Gestirnen; sie bleibt nämlich stetig hinter ihnen zurück, so daß der Sonnentag, d. h. die Zeit zwischen zwei unmittelbar aufeinanderfolgenden Kulminationen der Sonne, etwa um 4 Minuten länger ist als der Sterntag, und weicht außerdem, während sie am 21. März und 23. September im Äquator steht, in den Sommermonaten nach Norden, in den Wintermonaten nach Süden vom Äquator ab. Nach Ablauf eines Jahres ist sie um volle 360° hinter den Fixsternen zurückgeblieben und hat daher dann ihre frühere Stellung zu diesen wieder erreicht. Ihre Rektaszension wächst daher im Laufe des Jahres von 0° bis 360°, ihre Deklination von 0° bis $\pm 23\frac{1}{2}°$, welche äußersten Werte in den Solstitien erreicht werden.

Auch die Planeten nehmen an dem täglichen Umlauf der Fixsterne teil, doch ändern sie noch unregelmäßiger als die Sonne ständig ihre Stellung zu den benachbarten Sternen.

§ 13 (—). Beziehungen zwischen den Koordinaten der beiden Systeme ergeben sich aus Fig. 169. In dieser stellt die Halbkugel $HZPR$ das für den Ort B sichtbare Himmelsgewölbe, HR den Horizont, Z das Zenit, P den Nordpol des Himmels dar. Dann ist der durch

Z und P gehende Kreis $HZPR$ der Meridian des Ortes, der den Horizont im Südpunkt H und im Nordpunkt R schneidet. Der Himmelsäquator ist AQ, der Frühlingspunkt ♈. Legt man dann noch durch den Stern S den Höhenkreis ZSN und den Deklinationskreis PSP_1, die den Horizont und Äquator in C, bzw. D schneiden, so ist $\widehat{HOC}$ das Azimut und $\widehat{CS}$ die Höhe, $\widehat{♈OD}$ die Rektaszension und $\widehat{DS}$ die Deklination des Sternes S.

Besonders beachtenswert ist das sogenannte nautische Dreieck Pol-Zenit-Stern PZS, denn es ist darin $\widehat{PZ}$ das Komplement der Polhöhe oder der geographischen Breite, der Zenitabstand $\widehat{ZS}$ das Komplement der Höhe des Sterns, der Polabstand $\widehat{PS}$ das Komplement der nördlichen Deklination des Sterns. Ferner ist $\sphericalangle SZP$ das Supplement des Azimuts und $\sphericalangle ZPS$ das Supplement des Stundenwinkels SPR, der bei der Sonne die seit Mitternacht verflossenen Stunden zählt. Denn die Sonne steht um Mitternacht im Meridian unterhalb R und dreht sich mit ihrem Deklinationskreis um die Weltachse PP_1. Da sie in 24 Stunden 360° beschreibt, so legt sie in einer Stunde 15° zurück. Ist daher der Stundenwinkel der Sonne $SPR = \alpha°$, so sind seit Mitternacht $\alpha : 15$ Stunden verflossen.

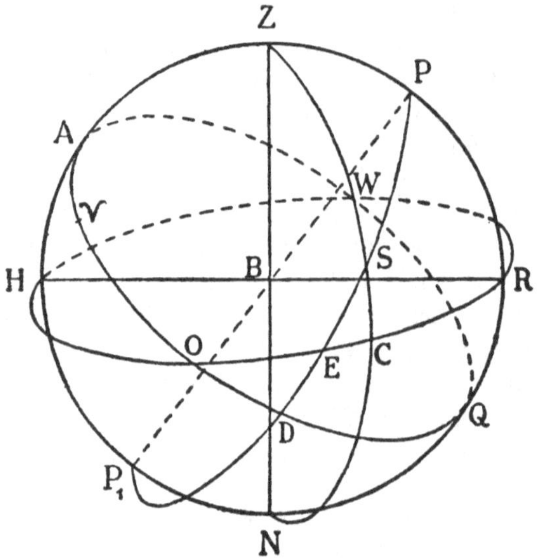

Fig. 169.

Das betrachtete sphärische Dreieck ist rechtwinklig, und zwar bei Z, wenn der Stern genau im Osten (oder Westen) steht, dagegen bei P, wenn der Stundenwinkel 90° oder 270° ist, wenn es also (sofern es sich um die Sonne handelt) 6 Uhr morgens oder abends (nach wahrer Sonnenzeit) ist.

Steht der Stern im Horizont, z. B. bei E, d. h. ist er im Auf- (oder Unter-) gehen begriffen, so kommt das bei R rechtwinklige sphärische Dreieck EPR in Betracht, in dem ER das Supplement des Azimuts oder das Komplement der nördlichen Morgen- (oder Abend-) weite, PR die Polhöhe oder die geographische Breite, PE das Komplement der nördlichen Deklination, $\sphericalangle EPR$ der Stundenwinkel ist.

§ 14 (—). Das dritte Koordinatensystem hat als Grundkreis die Ekliptik. Die Sonne behält, wie schon dargelegt, im Laufe des Jahres nicht ihre Stellung zu den Sternbildern, sondern bleibt hinter den Fixsternen zurück. Sie durchwandert also in jedem Jahre das ganze Himmelsgewölbe in einem größten Kreise, der Ekliptik, die durch die zwölf Sternbilder des Tierkreises: Widder, Stier, Zwillinge — Krebs, Löwe, Jungfrau — Wage, Skorpion, Schütze — Steinbock, Wassermann, Fische, führt. Die Ekliptik schneidet den Äquator im Frühlings- und Herbstpunkt und ist gegen ihn um die Schiefe der Ekliptik $\varepsilon = 23\frac{1}{2}^{\circ}$ (genauer $23^{\circ}\,27',2$) geneigt. Als Anfangspunkt der Messung dient auch hier der Frühlingspunkt; die Abszisse, in derselben Richtung wie die Rektaszension gemessen, heißt Länge, die Ordinate Breite. Für die Sonne ist die Breite stets gleich Null, die Länge dagegen wächst vom 21. März an im Laufe des darauffolgenden Jahres von 0° bis 360°.

Würde die Sonne sich so bewegen, daß ihr Deklinationskreis sich gleichmäßig um die Weltachse drehte, so könnte sich der Gang einer Uhr genau nach der Sonne richten, und diese Uhr würde die wahre Sonnenzeit anzeigen, d. h. beim Durchgang der Sonne durch den Meridian Mittag bezw. Mitternacht. Das erstere wäre aber nicht einmal dann der Fall, wenn sich die Sonne gleichmäßig in der Ekliptik bewegte, denn die gleichmäßige Zunahme der Länge hätte noch nicht eine gleichmäßige Zunahme der Rektaszension zur Folge. Nun aber bewegt sich die Sonne nicht einmal gleichmäßig in der Ekliptik, d. h. sie bleibt bald mehr bald weniger hinter den Fixsternen zurück. Eine Uhr kann sich daher bei ihrem regelmäßigen Gang nicht nach der wirklichen Sonne richten, vielmehr nur nach einer gedachten Sonne, die die obige Bedingung erfüllt, daß ihr Deklinationskreis sich gleichmäßig um die Weltachse dreht. Diese Uhr zeigt die mittlere Sonnenzeit an, die nur viermal im Jahr (und zwar zum erstenmal am 15. April mittags) mit der wahren Sonnenzeit übereinstimmt. Die Zeit, die man zu der wahren Sonnenzeit zulegen muß, um die mittlere zu erhalten, heißt die Zeitgleichung; sie ist bald positiv, bald negativ. Auch die mittlere Sonnenzeit wird von unsern Uhren nicht angezeigt, sondern die mitteleuropäische Zeit, d. h. die mittlere Sonnenzeit des Meridians von Stargard. Die Uhren eines Ortes gehen also um so viel Minuten vor oder nach, als die Sonne dort später oder früher kulminiert als über dem genannten Meridian.

Die Länge der Sonne bildet die Hypotenuse eines rechtwinkligen sphärischen Dreiecks, in dem die eine Kathete ihre Rektaszension und der zwischen beiden eingeschlossene Winkel die Schiefe der Ekliptik ist.

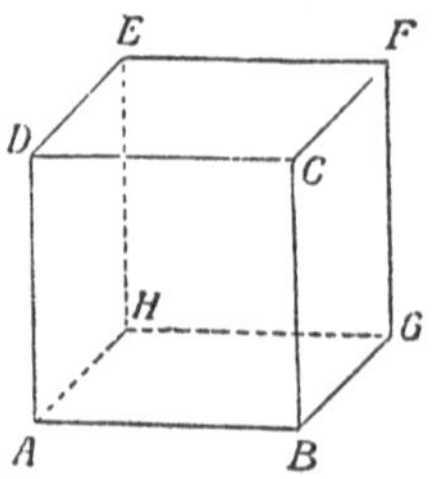

Fig. 153.

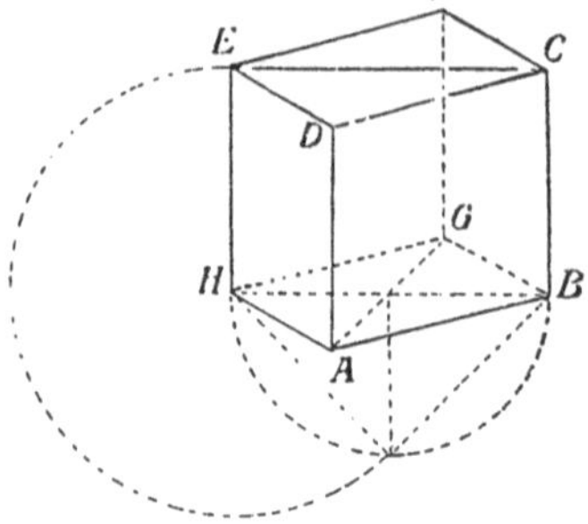

Fig. 154.

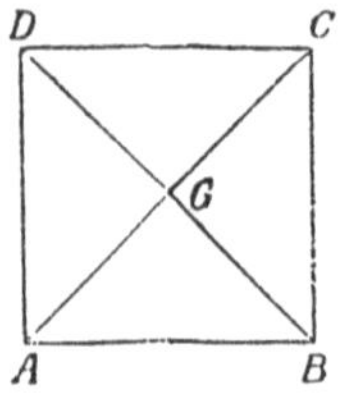

Fig. 155a.

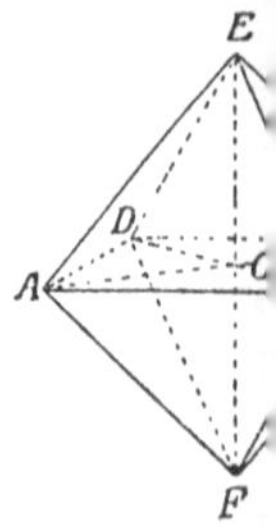

Fig. 15

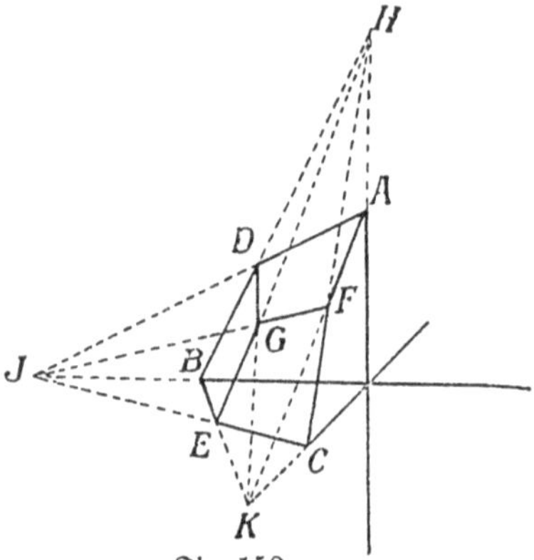

Fig. 158.

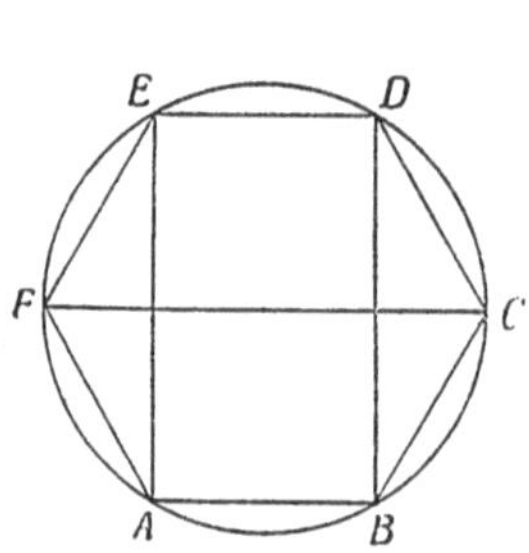

Fig. 159a.

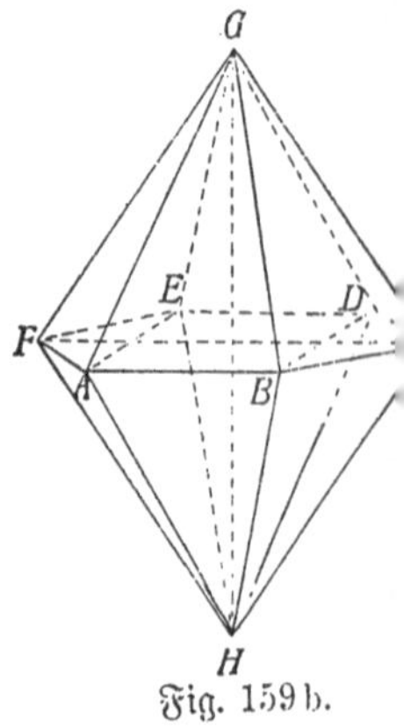

Fig. 159b.

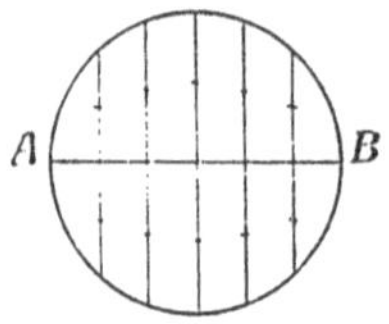

Fig. 161a.

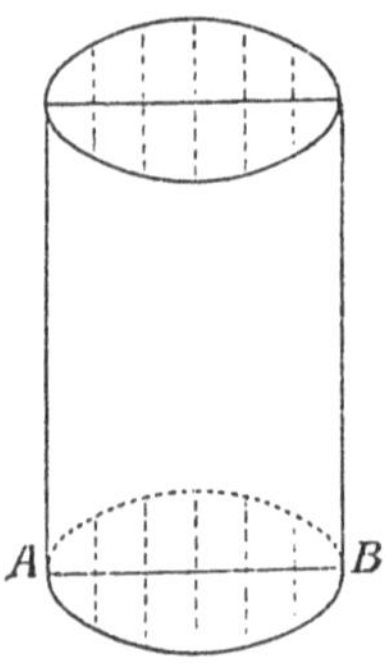

Fig. 161b.

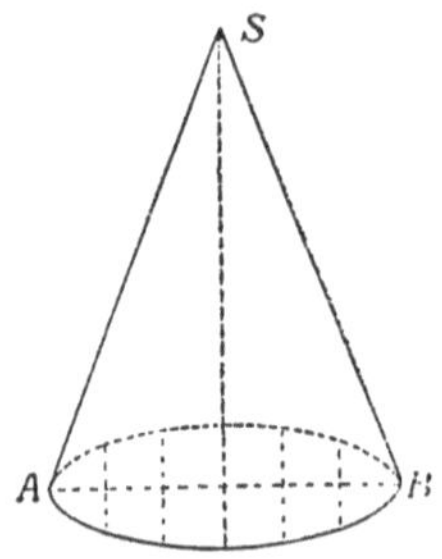

Fig. 162b.

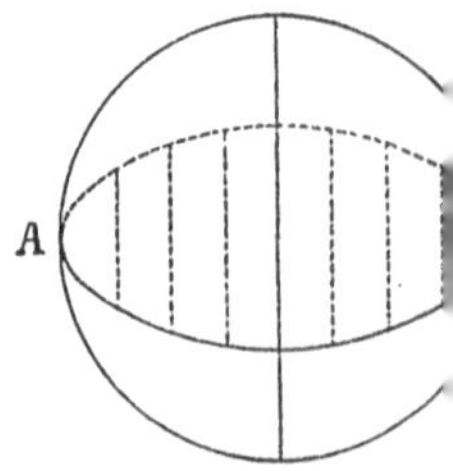

Fig. 163.

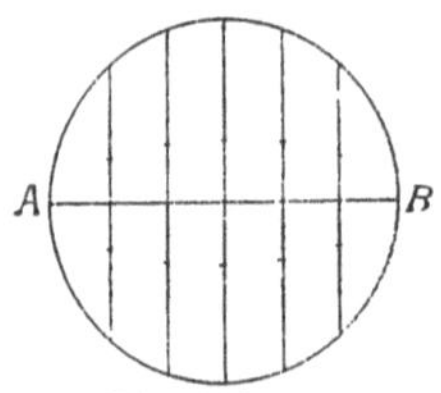

Fig. 162a.

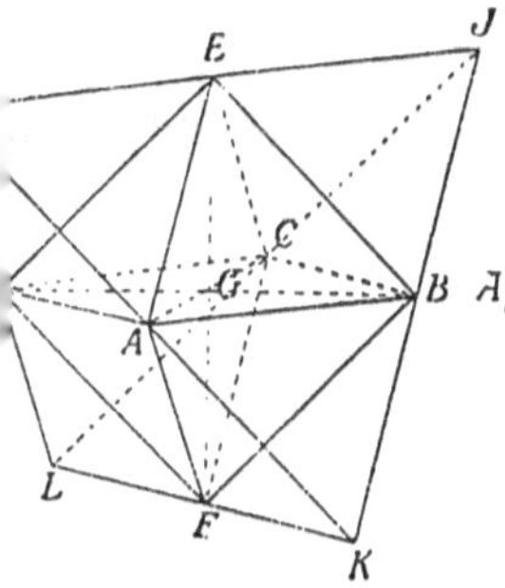

Fig. 156.

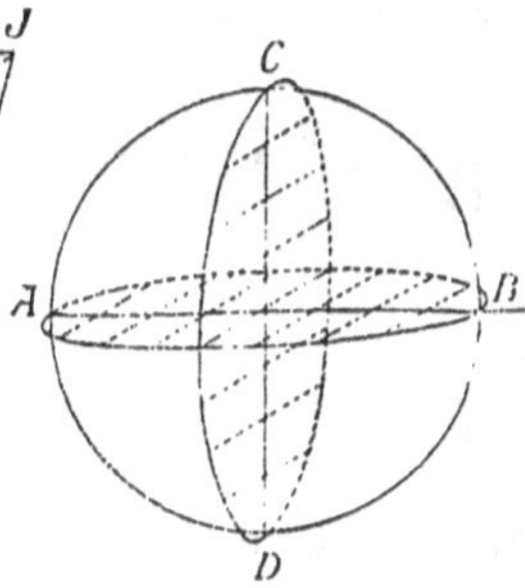

Fig. 164 b.

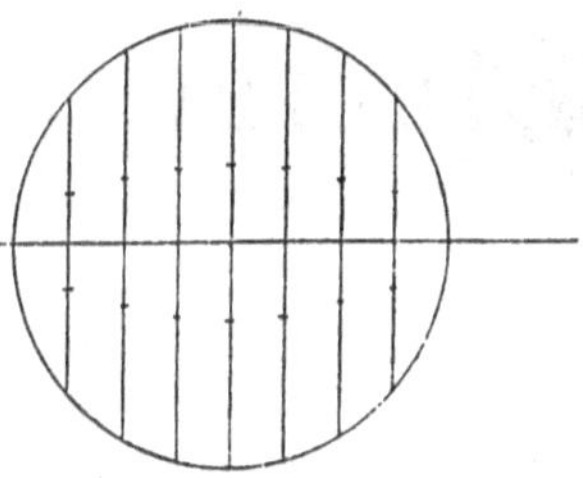

Fig. 164 a.

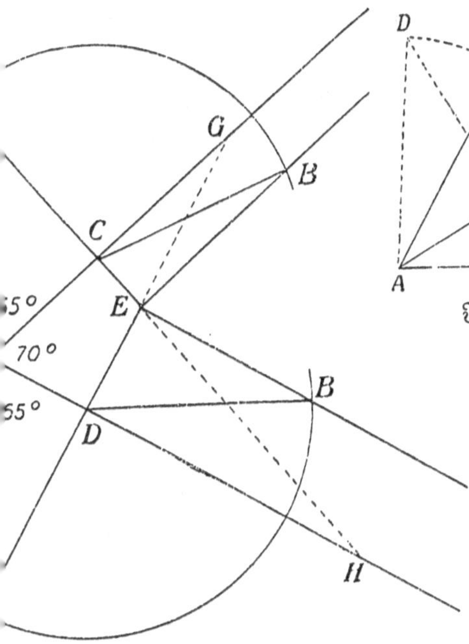

Fig. 160 a.

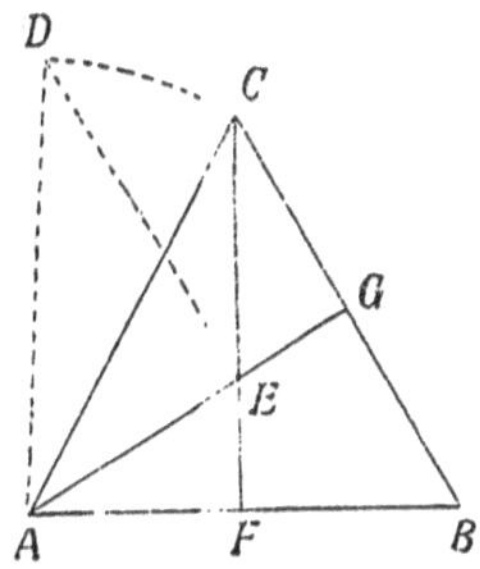

Fig. 157 a.

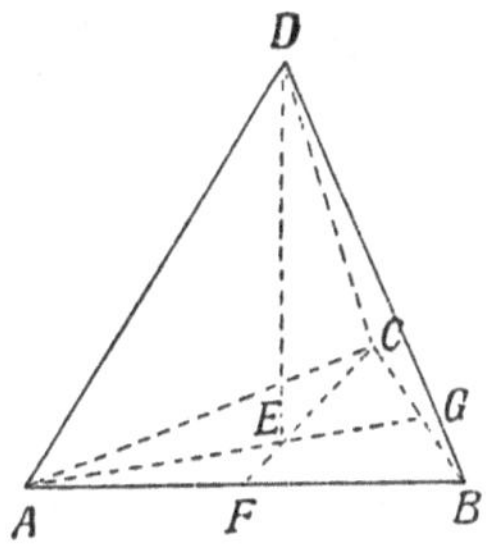

Fig. 157 b.

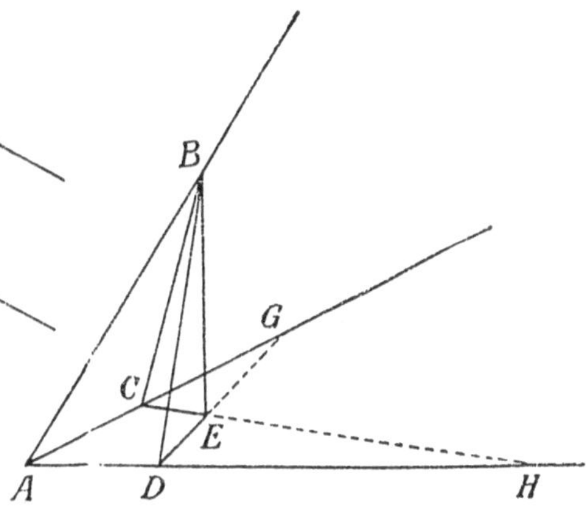

Fig. 160 b.

FSC
www.fsc.org
MIX
Papier | Fördert
gute Waldnutzung
FSC® C083411

Zeitfracht Medien GmbH
Ferdinand-Jühlke-Straße 7
99095 Erfurt, Deutschland
produktsicherheit@kolibri360.de